U0163114

A COLLECTION OF TRADITIONAL CHINESE PASTRIES

中华传统糕点图鉴

邱子峰 / 主编　李浩涵　潘　华　张之琪 / 副主编

中国轻工业出版社

序

食物、心灵与愿力

食物存在的意义在于给人提供能量，保持生命的存活。每一种食物因形状、质感和制作方法的不同，各具独特的物理状态，也带给人们不同的口舌感官。

在漫长的人类进化过程中，食物随着人类的智慧与文化衍生不断发展，跟人类个体的感官与心灵，与社会群体的性格与习俗，相得益彰也密不可分。有些食物是用来"维生"的，民谚"人是铁饭是钢，一顿不吃饿得慌"，说的就是大家皆为饮食男女，一餐一食必不可少，而我们长期食用这些固定的特定的食物也拥有了共同的中华胃。有些食物，存在的意义在于"享受"，它刺激人的大脑，带来身体温饱之外的愉悦，其巅峰体验如同吃了凤髓龙肝，从眼睛到舌尖产生一种电流般的幸福惬意，本书要说的中华糕点大多属此类。

食物本身是中性的，但是心灵层面的色彩从来各不相同。同一种食物，不同群体、个人对其的感官癖好有极大的个性差异。拿中国人再熟悉不过的粽子来说，北方的甜粽与南方的咸粽，绝对是泾渭分明，即便同一个地区，每户人家的甜度或咸法也各有各的做法和偏好，个体因此而产生的味觉记忆也完全不同。所以古人早就明白，"甲之蜜糖，乙之砒霜"，让别人完全认同你个人的口舌经验，是强人所难。

要事先声明，这不是一本传统糕点文化溯源，也非糕点制作食谱……非不愿，实在力所不逮。泱泱中华幅员辽阔，华夏民族上下数千年源远流长，其间产生和流传的糕点派别与细类多如夏夜繁星，拿馒头这一简单日常的主食品类来说就有数百种，南方涵盖了包子，北方则是实心的，然后又各自倾注了当地人的技巧与创造，可谓馒子馒孙、面目万千、变化无穷尽也……我们只拾取一点点最精华特色的部分作为中华传统糕点的冰山一角。

期待通过我们的努力（你肯定不知道要重现一盘原汁原味纯天然的五彩饺子，要费多少苋菜……），更方便你与传统美学相遇，那种大到我们的民族情感，小到一口糕点，它所包含的历史的、文化的、民族性格深处的美和深情，如口齿留香，又耐人回味，只存在于懂得者的意会里。

潘华

前言

糕点里的中国情
——那些用糕点来仪式化的传统节日与观念

糕点作为一类食品的统称既具象又宽泛，它出现在中华子孙从古至今每一天的饮食日常，也折射着一个民族的历史与饮食文明。

何为中华糕点？当起心动念要整理这样一本图文书籍的时候，才发现，"中华传统糕点"其实是面目模糊的。一方面当然是华夏九州地域文化差异巨大，从糕点到习俗在数千年的融合与分化中，变幻太多，一语道之，难！另一方面，老祖宗们代代相传的糕点，流传至今，在西方的、现代的、科技的手段与观念冲击下，也变得似是而非……无问西东，我们决定从糕点最基础的材料和技法上，认祖归宗。

其实，中华传统糕点分类有很多种，按照区域划分有十多个流派，其中主要以京式、苏式、广式最丰富集大成；按照制作方法有蒸、煮、煎、炸、烙、烤等；按照材料又分面、米、杂粮等；按照形态则有糕、团、包、粽、饼、酥、饺等。

天下糕点五花八门，每一种分类方法都有其特点，与此同时，每一种分类又对应了很多有趣的民间习俗，但是决定糕点品种、款式和风味的是皮、馅和技艺。拿广式糕点来说，传统的制作方法中，皮有四大类二十三种；馅有二大类四十六种，糕点师傅们凭着高超的技艺，给这些不同的皮、馅进行组合和造型，加上蒸、煮、煎、炸、烤、烙等制作方式，从而变幻出成百上千种的糕点。在本书中，我们以糕、团、包、粽、饼、酥、饺的形态为骨架，以区域流派为肌肉，同时也兼顾了其他分类下的糕点特点。

糕点也不单纯是点心点缀。自古以来每个传统节日或重大的日子都有典型的糕点代表，饺子、元宵、粽子、月饼、喜饼……特别的日子固化了特别的糕点，而特定的糕点也寄托了我们共通的民族情感、更凝聚了我们共同的群体记忆。所以谈中华糕点，怎么绕得开我们老祖宗总结的四时八节？

在儿时的记忆里，所谓过节，就是家家户户制作特定食物、糕点的日子，节日越重要，动静越大。譬如，在北方，过年就是家家户户劈柴烧火蒸馒头、包饺子，南方则家家户户"轰隆轰隆"捣年糕；立春是一定要吃春饼的；元宵节则是举国共食元宵汤圆的日子；清明则是食青团、润饼的日子；到了端午，人们直接就唤作"粽子节"，南北甜咸粽子齐番上阵，各家各户制作的各种大大小小造型不一的粽子成为我们记忆中最温馨的存在；中秋，难以想象没有了"月饼"来点缀这个节日还怎么寄托情感，所以当看到洋品牌们在每年的农历八月十五硬生生创造出"冰激凌月饼"来迎合中国传统节日的消费观念，腹诽和文化的自信参半涌起；到了寒冬腊八，无论大江南北，人们大都是要喝腊八粥的；然后是冬至，饺子再次成为当之无愧的主角……一年到头，我们的生活就在翘首等待、辛劳制作、和美享食这些特别的糕点的日子里，在热热闹闹的凡尘欢乐中流水般地过去了。

时至今日，这些传统岁时节令与特定糕点饮食，已经成为我们民族情感的根基，成了中华民族的精神个性，也成了我们内心深处无意识的民族信仰。在整理材料的过程中，我越发觉得，这一块块糕点不可小觑，从中既窥见我们祖先精神的源头，也能找到自己的民族身份认同，未来，我们也必将继续在一年又一年的生活中将这些约定俗成的饮食与特定的生活方式传承下去，一代又一代，生生不息。

沉浸在糕点中久了，有时也会自问，当谈中华糕点的时候，我们到底是在谈什么？明明这些糕点还鲜活在眼前的餐桌上，却频频回到历史的源头去寻觅当初的来路，再回神，入口的味道也变了，不再是一个具象的原料口味，而是一种混合了心灵深处与历史回响的精神专飨……

如此这般，也有好处，那就是当我再遇到某些民族奇特的节日传统与饮食文化时，再不质疑其存在合理与否。就像面对我们的中华糕点，想到它是穿透了千百年的时间与传统规矩来到我们眼前，接纳、享用，足矣！

创作者说

邱子峰

"这些传承了千年的美食味道，让你还可以看见。"

中国知名商业摄影师，徕卡学院摄影课程讲师，中国上海国际艺术节特邀摄影师，多家摄影器材品牌课程讲师。

畅销摄影书《氛围美食影像学》《星厨食物造型美学》作者；拍摄代表作食谱书《辣味中国》荣获 2019 年世界美食与美酒大赛 "Best in the World" 大奖。

我喜欢抽空手作一些偏爱的食物品尝并拍摄，尤其喜欢研究食物的形态和口感。

2014 年秋，我和工作室伙伴心血来潮做了几朵莲花酥，随手将成品发布在社交媒体上，始料不及的是，几张质朴的中式糕点莲花酥，瞬时涌进来数万人点击，很多留言都表示诧异，原来有这么美好的中式糕点。那一刻，我就意识到，不是大家更爱西式烘焙点心，而是中国传统点心没有得到良好普及。借此，做一本《中华传统糕点图鉴》，向大众做更好的中式传统糕点文化普及，使其新生，这个想法在我心中萌芽。

2016 年，故宫旗下品牌"故宫食品"找到我拍摄他们全线产品。很荣幸，我和团队受邀进入故宫宝蕴楼拍摄。随后在当年的月饼季，状元饼、贵妃饼、枣泥糕、花生酥等一系列北方人耳熟能详的传统糕点经由我们的拍摄呈现在全国线上销售渠道上，获得了非常好的市场反馈。随之"故宫食品"品牌方也对我表达了希望市场上能有一本可以更好诠释中国传统糕点文化的书的愿望。这加强了我拍摄《中华传统糕点图鉴》的决心。

有愿力就有资源。我的食物摄影合作食品造型师张之琪和李浩涵两位老师，皆为中国传统糕点研发制作的传承人，他们长期从事于糕点行业。尤其是李师傅，还曾获得过中国烹饪大赛点心组金奖。

非常感谢我的好朋友潘华女士，前资深媒体人、撰稿人，也在百忙之中加入了我们的项目，她看了好几摞的饮食书籍，查阅了大量的文献资料，从海量的传统糕点中选取了本书列出的品种和类别，并详细编写了文字介绍，同时也融入了她个人对传统文化的热爱，让整本书有了时节、地域和糕点分类方式上的逻辑关系，而不再是单纯的摄影图册。

我们每月安排固定的时间研究、制作和拍摄各种中式糕点，反复推敲其形态和色泽，希望能够尽可能完善！中国幅员辽阔，很多糕点有着相同的名字，却又形态各异，又或者同一款糕点，却有着不同的名字，我们的工作难免会有疏漏，在此诚挚欢迎广大读者给予积极的反馈，待再版我们可以集全民智慧不断进行补充和更正。

最后感谢我的工作室同仁，以及在拍摄中给予我们帮助的朋友。希望这本书的面世，可以让更多国人了解我们中国博大精深的传统糕点文化。也能对中国文化的继承和普及，做出一点自己力所能及的贡献。

潘华

"复制后的传统糕点蕴含了传统饮食文化的日常美学与情趣，在穿越了时间的光圈之后，依然保有一份今朝曾经照古人的韵味。"

资深品牌公关人、撰稿人。

中国传统文化爱好者，中度文青体质下的惯性媒体视角，务实本色不改双鱼座的浪漫之心。

古往今来，历经变迁，食物复杂，也众口难调。单单就糕点来说，天南海北，多如牛毛，又各有讲究，为什么我们还要做一本难上加难的《中华传统糕点图鉴》？

无知无畏是有的。2020年1月，我多年前的工作伙伴、朋友，也是本书的发起人、知名美食摄影师邱子峰找到我，说他正在完成一项有关传统糕点的图鉴，希望我能为他们收集好的中华传统糕点做个逻辑和文字梳理。

面对"中华传统糕点"这么大的课题，是有压力的，首先中华糕点本身就异常庞杂；其次我们现有的大几十种糕点图也是品类做法不一……结果我还是欣欣然接过了这个"看似不可能完成的任务"。一则源于对传统文化的热爱；二则目睹了几位本书的食品造型师们手作过程，他们对糕点专注与忘我的投入感染也感召了我；三则我发现市面上几乎没有关于传统中华糕点的系统图书，这激发了我想去为传统文化做点什么的决心。

"疫情假期"中，大家马不停蹄分工创作。至今想起，那份出于喜爱而忘记干扰、联合创作的感觉是如此让人愉悦。写稿的过程比我想象的要艰难，用时也更久。每一种传统糕点就像"历史长河中的浪花一朵朵"，孰优孰劣难以分辨，而在不同的地域文化中，看似同一朵浪花又彼此不同……每次我有疑惑或者不知道该如何选择的时候，就去看老师们手作的过程。

不得不说，鲜活本身就有穿透力，面对具象的手作还原的传统糕点，那些在久远的传说中慢慢模糊的传统、在历史长河中早已远去的习俗，在我的眼前逐渐具象起来。我也得以确认，那些在中华历史文化发展中重大的、源远流长的、自始至终就贯穿和渗透的民族精神文明与意识形态，其实一直存在于今天的华夏子孙如你和我的身上，从来未磨灭，只需去唤醒。

传统糕点的精和美是本书的重点。当然，这部分功劳要归属摄影师和食品造型师们。从糕点窥见我们民族的饮食文化的日常美学情趣，全靠他们的灵巧双手。

我所做的，就是选取了这些还鲜活存在于我们的生活、带着传统印记的、兼具口感与美感的款款糕点，让造型师复制出来，请邱老师拍摄出来，再点缀上习俗故事与传说，尽力让它们越穿了时间的光圈之后，还能保有一份"今月曾经照古人"的韵味。

张之琪

"每一种糕点都包含了美食创作者的初心，而制作的过程治愈了我。"

商业食品造型师。多年来从事食品造型、研发、测试工作，服务于多个品牌方，多年来为国内外食谱拍摄制作了数千款造型。

嗨，各位读者朋友，很高兴我的部分手作传统糕点在本书中与各位相见。

本人最早接触的中华糕点是广式点心，其特色是精致美味且多彩。自1997 年入行，跟着人生中的第一位师傅——一位广东点心师傅学徒 3 年，从制作到造型，亲力亲为每个细节，付出汗水的同时也收获了成就与满足。

参与本书创作，源起于跟邱子峰老师多年的合作，在此也非常感谢他的邀请。于我而言，美食是我的日常、与我的每一天都息息相关。即便如此，跟他合作本书时，每一次对糕点再一次制作创造的时候也会引起我的思考：食物本身的意义？食品造型如何在摄影中提供帮助？如何使食品造型更加耐看？

坦诚地说，对于中华糕点这个熟悉又陌生的词汇，我既是一位制作者，但有时又不完全是，特别当制作时因为客户或市场的需求而必须舍弃一些冗余的步骤，又或是造型与味道不能两全时。我能理解，改良也是为了更好地传承中华糕点，这也是我参与这本书创作的原因之一，我们都希望中华糕点之美能够得到更好的传承与传播！

制作此书时，潘华问我本书中最喜爱的糕点，我个人首推八珍糕。一方面，它的制作过程没有过于复杂，有助于调理脾胃，很适合生活节奏快、饮食不规律的现代都市人食用；另一方面，随着工业化的流水线不断蚕食倾轧手工作坊，市面上能吃到的原汁原味的手作八珍糕越来越难，八珍糕独特的风味也在逐渐消失。这一次重新手作八珍糕在找回它原有的风味时，也提醒着我作为一位美食创作者的初心。不夸张地说，整个制作的过程真的治愈到我，我也希望可以把这份手作的心意传递给每一位热爱美食、热爱传统、热爱生活的人。

最后我想对读者朋友们说，如果你们看到本书，喜欢上一些糕点，回家也能动手做一做，既丰富了家庭餐桌，于我而言，也是在向经典美食致敬。

李浩涵

"人这一生还是要对自己热爱的事情放手去做、去坚持，这样失败了是经验，成功了有喜悦，过程也很快乐。我热爱的事情就是做点心。"

知名商业食品造型师，影实食品造型工作室主理人。

前上海虹桥迎宾馆点心部主管、国宴骨干；作为主创团队担任电影《锋味江湖之决战食神》和综艺节目《十二道锋味》的食品造型工作。

曾获"08迎上海世博烹饪比赛"特金奖、第六届全国烹饪技能竞赛金奖。

在2010年创业做影实食品造型工作室之前，我是一个专业制作中式传统糕点的点心师，学的专业也是中式点心专业。很早以前当我在电视上看到母校上海市曹阳职业技术学校在日本交流比赛的节目，参赛代表队拿出来一件件艺术品般的小糕点时震撼了我，没想到中国传统的糕点如此精致，从做工、配色，到造型都异常精美，在世界的竞技舞台上大放光彩，并赢了这场比赛。当时我就下决心要学这门手艺，此后我便与糕点制作结下了不解之缘。

2年前，当摄影师邱子峰和我说要出一本传统中国糕点书时，我们一拍即合。我因创业带领团队做食品造型，离开厨师一线已经十余年了，对于中式糕点的热爱却一直没有改变！借由本书，一方面，我希望自己对于糕点的想法和创作能够有机会让大家看到；另一方面，也是看到我学的船点已经很少有人在做了，希望借此机会能让更多的人了解我们传统的饮食文化，让好的东西可以传承下去。

可能有些人会觉得糕点嘛，非主餐主食，点缀而已。其实不然，在传统宴席里，手工糕点是很重要的角色，它工艺精湛，不仅有文化内涵，凸显风土人情，还有自己独特的起源故事。

当然，美食在任何年代都是跟着时代往前走的，就像任何传统的东西想保留下来也要与时俱进，糕点也一样，需要在传统里加上现代的元素和工艺，不过"根"和"度"很重要，不可喧宾夺主。就我个人而言，我对现在的传统糕点行业一直有危机感，特别是那些手工制作复杂的小点心（对，就是那些当初吸引我入行的精致小点心们），在现在的社会节奏冲击下会做的人越来越少了。我也是借由本书，难得有机会做，就索性多做了一些诸如海棠酥、佛手、船点类等给大家欣赏。

潘华同样问了我最喜欢的本书糕点，我选择船点。是我当初的最爱，也是我亲手做出来的，更重要的是这个门类做的人越来越少了，很可惜。我在创作本书船点的时候融入了一些现代的技法，翻糖的也有，雕塑的也有，譬如在水下的金鱼，在传统的做法里面是没有的，但我觉得这样可以更生动，所以就做了改变，希望大家喜欢！

母春莹

"用心做出来的点心是有灵魂的！"

从业二十年，师从李浩涵。目前是虹桥迎宾馆中式点心师，东湖集团国事点心骨干，多次为国内外首脑要员做点心。

作品曾获得中国烹饪大赛点心组银奖。

小时候，我住在上海的老弄堂里，家门口的邻居爷爷做糕点生意，他每天下午会在弄堂口支个小摊位，卖自己做的糕点，品种很多，有春卷、糍饭糕、油墩子、条头糕、黑米糕等。

从那时，我就对糕点有了极厚的兴趣，也认定老爷爷是一位很厉害的人，暗下决心以后我也要成为老爷爷那样会做很多糕点的人！

慢慢长大，我对做糕点这份热忱丝毫没有减少，于是我在中学毕业时征求家人同意后报考了烹饪点心的专业学校，在学校里碰到了我的恩师李浩涵，从此开启了制作中华糕点的生涯。有一天，师傅突然和我说他在做一本关于传统中华糕点的书，把我们传统的糕点记录下来、传承下去，问我有兴趣一起干吗？这时儿时弄堂口的画面一幅幅从我脑海里闪过，当时我就告诉师傅，我要参与！我想把这份传统文化传承下去……因为比较擅长老上海点心和淮扬点心，于是我就负责制作本书的这部分糕点。

在我看来，传统糕点是寻常百姓的日常美味，它富有浓郁的地方风情和民俗内涵，吃的不仅是一种造型一种口味，更是一份温情一份情怀！我尤其推荐四喜蒸饺，它是传统糕点中比较有代表性的。不仅造型好看，用料丰富，营养也到位，大家想学着做的话很容易上手，欢迎读者朋友们都来试一试。

CONTENTS
/ 目录

AUTUMN/ 秋

厚土馈物

WINTER/ 冬

潜心休养，生生不息

APPENDIX/ 附录

SPRING

/ 春

春，
始于立春（公历2月3日或4日或5日），
止于立夏（农历5月5日或6日或7日）。
包括立春、雨水、惊蛰、春分、清明、
谷雨六个节气。
春润大地，万物初生，
满怀希望又得悉心呵护，
春天的糕点亦如是。

春风十里
宛如一抹糕团入口

春是杨柳枝头的金钱线，也是桃花樱花的次第开；春是鸭的试水，也是燕的呢喃；春是崭新的希望，也如打翻的魔盒……古往今来，大家对春的期待和赞美亘古未变。可我要说呀，在春寒料峭的沪上街头吃到上品"糕团"的瞬间，万般诗意才有了春风般的沁意。

　　从立春的春饼，到元宵节的汤圆，再到三月三的豌豆黄，从寒食的子推饼、打糕，再到清明的青团……中华大地地域辽阔，传统的春日糕点也从南到北大相径庭，相似的是它们都带着一份春风十里的初心萌动：春饼带着深切的祈祷咬开了冬的口子，弥漫着芳草气息的青团就是春天的色泽，而樱花糕则让人禁不住想将春的柔媚吞入口中……

　　老祖宗们创造的许许多多的糕点都带给我们从舌尖到胃里，春风也比不及的柔暖，且让我们品味。

春饼

从春饼到春卷：春心是咬出来的

吃在春天里，不是说春天的食物有多丰盛，而是万物苏醒带来的吃的希望从来就非常强烈。照说在旧时，春节青黄不接时有发生，奇特的是在民间，春日的节庆糕点从来不可或缺。

春饼

春饼最早是中国民间立春"咬春"的饮食习俗，后来成了贯穿整个春天的食物，似乎每个春天的各个节气都可以吃，尤其是在华北地区，从立春开始，一咬咬到二月二龙抬头，嫁出去的姑娘回娘家也要一起咬，再一咬就咬到了清明……

中国人立春吃春饼的习俗可以追溯到晋朝，盛行大约在唐朝。南宋人陈元靓在其《岁时广记》[1]中转述唐人的记载说："立春日食萝菔、春饼、生菜，号春盘。"

明朝万历年间才子孙国敉在其《燕都游览志》中记载："凡立春日，（皇帝）于午门赐百官春饼"。一个必须由天子亲赐专属糕点的日子，可见在明朝立春作为节日之隆重！

做法

春饼由卷饼和菜两部分组成。卷饼的做法是面粉加水搅拌，待到浆浓如糊、筋道有弹性时，摊一团在锅底，轻轻旋转一圈，马上抓起，就是一张薄饼皮。清朝诗人袁枚在《随园食单》[2]中生动地描述为"薄若蝉翼，大若茶盘，柔腻绝伦"。

春饼里的菜，是几种常见的家常菜放在一起炒制而成，现在北京地区的寻常人家通常用的是肉丝炒豆芽、菠菜、粉丝以及鸡蛋等。在古代，这些菜可是大有讲究的，古人所谓立春日吃五辛盘的习俗，指的是要聚齐大蒜、小蒜、韭菜、云薹、胡荽五种时令蔬菜。也不单单是自家吃，而是要盛放在器皿盘子中，相互馈赠，迎春纳福。

春卷

　　春卷，是春饼、春盘的江南化，它由春饼演化而来，又形成了自己的特色，至今仍是江南人民的心头爱。其特色是，春卷皮薄酥脆、馅心香软，别具风味。

做法

　　春卷同样是分为卷皮和内馅两部分。不同的是，用白面粉加少许水和盐拌揉捏制成圆形皮了，然后将制好的馅心（青菜、内末、猪油等）摊放在皮子上，将两头折起，叠成长卷，然后下油锅煎炸成金黄色起锅。

---

1. 《岁时广记》是古代岁时民俗资料的汇编，此书辑录与记述的内容广泛，包括岁时生产、饮食、用品、婚姻、禁忌、信仰、社交、礼仪、娱乐等方面，堪称民间百科全书。编撰者为陈元靓，祖籍福建崇安，南宋末年人，生卒年不详。

2. 《随园食单》出版于 1792 年（乾隆五十七年），作者袁枚，是大诗人也是一位经验丰富的烹饪学家，本书是一本系统地论述中国烹饪技术和南北菜点的重要著作。全书分为须知单、戒单、海鲜单、江鲜单、特牲单、杂牲单、羽族单、水族有鳞单、水族无鳞单、杂素单、小菜单、点心单、饭粥单和菜酒单 14 个方面，详细记录了当时的三百多种南北菜肴美食与美酒佳酿，非常实用，至今仍受追捧。

春卷

元宵

元宵节里话元宵

名称	元宵节	习俗	逛灯会、放烟花、猜灯谜、踩高跷等
时间	农历正月十五	糕点	元宵、汤圆
别称	上元节、春灯节等	英文	Lantern Festival
起源	道教信仰、汉武帝祭祀传说等		

数千年来，正月十五元宵节，吃元宵、放烟花、逛灯会、猜灯谜已融入中国人的集体意识。从字面意思理解"元宵"一节，即为上元节的晚上。追溯起来应该源于道教的"三元"[3]之上元一说。

上元，即新一年第一次月圆之夜，说的就是元宵之夜，因此在古代元宵节也唤作"上元节"，《岁时杂记》[4]记载：元宵燃灯，是因循道教的陈规。

早在 2000 多年前的秦朝，老祖宗们已经有了正月十五闹元宵的习俗；大概是在西汉，元宵节得到了官方的重视，司马迁在为汉武帝创建"太初历"时，明确将元宵节定为重大节日。

隋朝时，隋炀帝留有《元夕于通衢建灯夜升南楼》一诗："法轮天上转，梵声天上来；灯树千光照，花焰七枝开。月影疑流水，春风含夜梅；燔动黄金地，钟发琉璃台。"可见元宵节在当时的帝王之家是如此万丈红尘。

后来的元宵节，演变成了中国最古老的情人节，因为在唐宋时期，元宵游园赏灯暗暗成为未嫁女子借机外出相亲看人的日子，北宋大词人欧阳修[5]"月上柳梢头，人约黄昏后"说的正是元宵佳节的浪漫幽会。

元宵节在民间一般称为"小年"，老百姓常说"闹元宵"，它看似是年的延续，其实是朴实的劳动人民借着节日的名义，用欢腾喧闹的民俗活动，驱散漫长冬季的寒冷和单调，仪式化地启动新一年的开篇。

因此在民间，元宵节既是陈年的结束，又是新春的开启。元宵节之后，冻土复苏，农人开始劳作，学子正式开学，新的一年，春风得意，隆重登台。

这也是中国人的春心萌动，立春时节春寒料峭，心中春天的开始是从欢腾喜庆的元宵节开始，真正到来是草长莺飞芳草萋萋的清明。

3. 道教曾把一年中的正月十五称为上元节，七月十五为中元节，十月十五为下元节，合称"三元"。

4.《岁时杂记》为北宋人吕原明（又名希哲）撰写的一部中国岁时专著，久已失佚。后人从后来的《岁时广记》一书中引用，才知道其作品，并将之尊为中国最好的节令作品。

5. 欧阳修（1007—1072），字永叔，号醉翁，晚号六一居士，北宋政治家、文学家。

元宵

作为食物的元宵，在古代又有"浮圆子""圆子""水圆"等说法。但在何时，它开始作为元宵节的饮食糕点的，民间说法不一。有说起源于春秋末年的楚昭王，也有说源自汉武帝的宠臣东方朔，不过对元宵有确切文字记载是在宋朝。

南宋诗人姜夔[6]在作品中多次提及元宵，"元宵争看采莲船，宝马香车拾坠钿。风雨夜深人散尽，孤灯犹唤卖汤元"即为其中之一，可见元宵节食汤元的习俗在那时已深入人心。

做法

北方"滚"元宵，南方"包"汤圆，中国人的元宵，因做法不同而有南北叫法的差异。元宵或汤圆，均以糯米粉为原料，馅是核心，可以实心也可以带馅，带馅的又分为甜、咸两种。如今我们在市面上吃到的基本是芝麻或豆沙馅的甜派，其实用鲜肉丁、火腿丁、海米等做成的咸汤圆也别有特色。

在北方大部分地区，元宵是先捏好馅料小球，放在铺有干糯米粉的箩筐里不断摇晃，馅球的湿遇到糯米粉的黏滚筛而成。

南方的汤圆则是和好糯米面团，包入馅料制成圆形。在江浙一带，老百姓很讲究，要用水磨制作湿糯米浆，这样包出来的汤圆更软糯细滑。

元宵也好汤圆也罢，在我们千百年来的饮食文化中，它们早就成了承载同一种精神寄托、口感略有差异的同一糕点的两种做法；同时元宵造型的"圆"也寓意了中国人自古心中团圆美好的美意。

芝麻汤圆

材料

馅：芝麻馅适量。

皮：糯米粉 250 克。

制作过程

1/ 将糯米粉倒入容器中，倒入 80 克开水搅拌成雪花状。

2/ 倒入 135 克凉水继续搅拌，揉成光洁面团。

3/ 下剂，包入芝麻馅，制成圆球形状即可。

---

6. 姜夔（1154—1221），字尧章，号白石道人，南宋文学家、音乐家。

芝麻汤圆

清明时节，寒烟素食

名称	清明节	习俗	踏青郊游、扫墓祭祖、缅怀先人
时间	公历 4 月 4 日或 5 日或 6 日	糕点	青团、艾草糕、艾叶糍粑、艾粄、暖菇包等
别称	踏青节、行清节	英文	Tomb Sweeping Day
起源	干支历法、祖先信仰、春祭礼俗等		

清明是我国传统二十四节气中既是节气，同时也是传统节日的日子。清明一到，春意盎然，万物景明，春天就真的来了。

《历书》[7] 显示其得名源于节令："春分后十五日，斗指丁，为清明，时万物皆洁齐而清明，盖时当气清景明，万物皆显，因此得名。"

千百年来，"清明时节雨纷纷，路上行人欲断魂"，始终是我们过清明的心情底色，这一天也唯有寒烟素食才匹配如此灰色的心情。这就是民俗文化的力量。

追踪溯源，清明节作为一个中华传统节日，与春节、端午节、中秋节并称为中国四大传统节日，其历史悠久到已无从考证具体的年代，只能大概推测是源自上古时代的祖先信仰与春祭礼俗。不过可以证实的是，我们今天的清明习俗是糅合了古老的寒食节、上巳节等上古节日习俗在一起的结果。

寒食节，民间传说是春秋时期为纪念晋国的忠义之臣介子推而设立的节日。因为介子推，宁被烧死，也不改气节，民间用寒食节冷食、祭祀、改火习俗等方式纪念他（现在史料已证明寒食节早于介子推而存在，可见寒食节之久远）。

上巳节，俗称三月三，则是另外一个古人祭祀宴饮、郊外游春的传统日子。东晋王羲之在《兰亭集序》中行书记录"永和九年，岁在癸丑，暮春之初，会于会稽山阴之兰亭，修禊事也"。说的就是这一天，文中提及的"流觞曲水"就是文人雅客们在这一天的野餐盛事。

寒食、清明在唐朝，是国家法定"假期"。据资料记载，唐朝时，由于官吏回乡扫墓，时有耽误职守的事，唐玄宗因此颁布政令设立假期，此后寒食节逐渐式微，清明节取而代之。宋朝《梦粱录》[8] 中记载：每到清明节，"官员士庶俱出郊省墓，以尽思时之敬。"可见，当时在官方的倡导下已盛行清明扫墓。

7.《历书》，本处指司马迁《史记·历书》。在中国历朝历代，都设有专掌观察天象、推算历法的官职，专门负责编写颁发历书，所以历书在民间又称皇历。

8.《梦粱录》是宋朝吴自牧所著的笔记，共二十卷，是一本介绍南宋都城临安城市风貌的著作。

现代清明假期，可追溯到 1935 年。当时的中华民国政府明定 4 月 5 日为国定假日清明节。除了原有的扫墓、踏青等习俗，官方还将插柳这一民间习俗，指定为"植树"行为。

今天我们过的清明假期，是从 2008 年才开始正式成为法定休假日的。跟古人一样，祭祀先祖和过世的亲人，依然是我们今天过这一传统节日的核心主题。每年给先人祭祀的传统依然存在于我们的心中。每年有清明节这么一个固定的日子，人们用约定俗成的形式，去纪念那些活在记忆中的亲人。事实也是，清明祭祀从来既是精神寄托，也是现世反思；我们每个人的心灵家园都需要这么一个仪式的存在。

清明的文化底色，使得这一天的食俗从来是"寒烟素食"。在北京，清明寒食不生火，靠提前制作好的豌豆黄、馓子饱腹；在山东一些地区则是吃白煮鸡蛋、冷饽饽；山西晋中一带，人们这一天不做饭，分食祭祀食品，而晋南人则习惯用白面蒸大馍，中间夹有核桃、枣儿、豆子；陕西至今还有一种叫"子推饼"的发面饼。

清明节前后，在南方江浙一带，青团是时令糕点中的主角，与之相似的还有闽粤等地的艾草糕、艾叶糍粑、艾粄、暖菇包、清明团子等。在闽南侨乡，当地人每逢清明节必定做一些糕、粿和米粽让家人食用，泉州的润饼菜（相当于北方的春饼）就是其中一种。

上海的清明旧俗中，用柳条将祭祀用过的蒸糕饼团穿起来，晾干后存放着，到立夏那天，将之油煎给小孩吃，据说吃了以后不得疰夏病；而在浙江湖州，清明节家家裹粽子，可作为上坟的祭品，也可当作踏青带的干粮。

此外，因清明时节江南的马兰头等时鲜蔬菜恰恰好，不少地方也把马兰头当成了清明必吃的蔬菜。

青团

团类糕点，没体味过的人不明了

顾名思义，团类糕点基本是立体的圆形存在，制作方法上，主要是将米（或米粉）揉弄成圆球形状，制作而成。除了元宵、青团两大知名节日糕点，其衍生变异的品种主要有酒酿小圆子、麻团等。

团类糕点，相比于其他形态的传统糕点来说，品类实在是少之又少，很多人从未觉得它有什么好，甚至对它是否能支撑起一个类别表示怀疑。我要说的团类糕点，如同青团的好，没体味过的人真的很难明了。

青团

青团用料是家常米粉，跟元宵没什么分别，其做法也是将糯米粉和粳米粉按比例混合，用开水烫面，上笼蒸熟，再打烂成粉团。外观是最直观的青色，是来自春天最常见的艾草天然青汁；馅料为家常的豆沙或者蛋黄莲蓉等。作为一种江浙传统清明节前后的寒食糕点，常被人看轻。

可青团这家常的东西经过平常的手法制作而成，口味不甜不腻，自带一股清淡悠长的甘甜气息，正是这份说不清道不明的"春天的气息"，让很多人一年到头心心念念。

青团说起来很简单，就是一团染成绿色的带馅糯米汤圆。其精髓就在于那带着春天气息的艾草（或其他就地取材的绿色野菜），香而不涩，温润如春，但其制作起来颇费周折。

第一步将采摘的新鲜野菜清洗干净放入锅中加水煮到稀烂、剁成细碎，滤掉渣留下青汁，加入白糖调味去苦去涩，用来和糯米面。然后按照汤圆的做法包馅、搓圆，不同于汤圆用水煮，青团是上蒸笼的，15 分钟左右即可出锅。制好的青团用保鲜膜裹好，可以存放较长时间，这也是初春的江南街头最常见的一道风景。

材料

馅：豆沙适量。

皮：糯米粉 250 克，青汁 135 克。

制作过程

1/ 在糯米粉中倒入 80 克开水搅拌均匀。

2/ 倒入青汁搅拌成团。

3/ 下剂，包入豆沙，制成圆球形状。

4/ 放入水开的蒸锅中蒸 15 分钟左右即可。

桂花小圆子

如果说青团带着春天自然的气息，那么桂花圆子，则将桂花飘香的秋日情怀用味觉凝固了下来。

其主要原料如同汤圆、元宵一样，主要是水磨糯米粉，只不过圆更小，去馅，做好用甜酒酿（醪糟）煮熟，仅靠浓郁的桂花香味来点睛提神。

麻团

糕团家族里的麻团，大概是全国分布最广泛的一种糕点了，不过麻团是北方的叫法，在南方多被叫作煎堆，四川人称之麻圆，海南人又唤作珍袋，广西人起名油堆……

作为一种古老而广泛存在的传统糯米油炸团类糕点，软糯的麻团在油炸之后加上芝麻，有些包着麻蓉、豆沙等馅料，有些没有。从外形上看它是团类糕点的异类，从受欢迎程度来看，它备受全国人民热爱，特别是在广东一带"煎堆辘辘，金银满屋"的口彩，也是颇有趣味。

将糯米粉用温水加入白糖和好发酵。按照汤圆做法包好，裹上一层白芝麻，然后用双手搓压一下，让芝麻附着在表面，入油锅煎炸。

有意思的是，麻团做的时候并非"空心"，而是在炸制的时候让空气在内部而成的。如何让空气适时进入麻团呢？方法是在它入锅之后刚浮起来的时候，用筷子轻轻压变形，让空气注入，然后再炸三五分钟，这时候，一个黄金娇嫩、内松外酥的麻团就出锅了。

材料

馅：黑芝麻馅适量。

皮：糯米粉 165 克，绵白糖 50 克，澄粉 50 克，猪油 50 克，白芝麻适量。

制作过程

1/ 将糯米粉、绵白糖混合加水打至略软状态；澄粉加开水烫熟。

2/ 将熟澄粉揉入糯米团中，揉搓均匀，拿一团出来捏一下不开裂为准。

3/ 放入猪油揉至光洁待用。

4/ 放入冰箱冷藏 1 小时左右拿出，搓条下剂，包入黑芝麻馅成团后粘裹白芝麻。

5/ 锅中倒入油大火烧至 160℃，下麻团，开始不要翻动，待慢慢浮起后改小火炸至金黄捞起。

麻团

"包"罗万象

包子与其说是糕点，不如说是一种饱腹感极强的主食，在中国人的日常饮食生活中广泛存在，不可或缺；同样，包子也不仅仅是一个糕点形态，而是一个类别，它相似的外观下，仅靠内馅真的是做到了"包罗万象"。

在宋朝高承编撰的《事物纪原》中记载了包子的起源——"诸葛公之征孟获，人曰：'蛮地多邪术，须祷于神，假阴兵以助之，然其俗必杀人以其首祭，则神享为出兵。'公不从，因杂用羊、豕之肉而包之以面，象人头，以祀。后人由此为馒头"。

唐宋年间，面粉馒头已逐渐成为殷富人家的主食。《梦粱录》[9]在"酒肆"章节中记载：酒家亦自有食牌，从便点供。更有包子酒店，专卖灌浆馒头、薄皮春茧包子、肉包子、鱼兜杂合粉、灌大骨之类。此外，《梦粱录》还有一个"荤素从食店（诸色点心事件附）"章节，专门描述各种糕点，细节极为丰盛，可见宋朝世俗生活之热闹昌盛，已抵达历史峰值。

馒头与包子的区分在清朝《清稗类钞》[10]中有记载：馒头，一曰馒首，屑面发酵，蒸熟隆起成圆形者，无馅，食时必以肴佐之，南方之所谓馒头者，亦屑面发酵蒸熟，隆起成圆形，然实为包子，包子者，宋已有之。

---

9. 《梦粱录》由宋朝吴自牧所著，共二十卷，是一本介绍南宋都城临安市风貌的著作。
10. 《清稗类钞》是关于清朝掌故遗闻的汇编，成书于民国时期，作者徐珂从清朝及民国时期的文集、笔记、札记、报章、说部中，广搜博采，仿清人潘永因《宋稗类钞》体例，编辑而成。记载之事，上起顺治、康熙，下迄光绪、宣统。全书分九十二类，一万三千五百余条目，涉及内容极其广泛，军国大事、典章制度、社会经济、学术文化、名臣硕儒、疾病灾害、民情风俗、古迹名胜，几乎无所不有。

面食——传统中国人的饮食主线

谈传统中华糕点，中原饮食文化是其源头，而面食其实是主线。不过最早古人所说的面，并非只是我们今天熟悉的小麦面粉，还包括黍、稷、菽、麻等五谷面粉。

大约在 5000 年前，起源于西亚的麦子传入中国，它逐步取代了粟、黍，不仅荣列"五谷"，还逐渐成为北方中原旱作农业地区的主体农作物。慢慢地用麦子磨成面粉制作食物的饮食文化，也成了中国饮食文化的最重要组成部分，特别是在中原黄河流域，麦子经过加工磨成麦粉，即成了我们俗称的"面粉"，它是制作面食最基础、也是最根本的原料。

今天我们非常熟悉的面食"饼"在先秦就已经存在，文字记载可以追溯到战国。许慎[11] 在《说文解字》中解释："饼，面餈（糍 cí）也"，可知古人把面食统称为"饼"。

技术革新总能带来人类生活方式的变革，饮食上同样如此。中国最早出现磨大约是在汉朝，它使得中国人历史上的面食制品有了第一次大的技术飞跃。大约从汉朝开始，人们就用面制作馒头、面条、饺子、包子、饼等种类繁多的主食与糕点了。

面食制品的第二次，也是真正的起飞，是在晋朝发酵技术出现。当面粉加入酵母搅拌成团，醒发之后，食用口味与可塑性大为增强，面制食品的品种与风味随之得以发展，人们的饮食习惯也随之变化。

到了南北朝时期，中国人制饼方法和工艺已臻于成熟阶段。《齐民要术》[12] 还专门介绍了制饼方法和工艺，可见当时饼已高度普及且技艺纷呈。

小麦成为北方大宗的粮食作物的时间大约在隋唐。随着当时中国北方麦子种植区域的扩大，面食更加普及，唐朝人在面食中还吸收了胡人饮食，如胡麻饼（制时饼面上撒有芝麻，类似于今天的芝麻烧饼）等，当时人们在面团、馅心、浇头、成形和熟制方法等方面也越来越多样化。在宋朝，面点作坊和面食店已十分常见，尤其是在南宋大量北人南迁，以面为主的饮食习惯也随之扩展到全国。

此后又经过上千年的发展，中国的面食技巧与制作技艺，已是任何一个国家和民族难以望其项背的存在。特别在中国北方，中原饮食文化的基础就是各式各样的面食，"一面百变，一面百味"绝非虚传，面食糕点也是不计其数，光是最日常的馒头、花卷就有数不尽的花样手法。

在中国南方，面食主要是作为早餐或者小吃糕点而存在。这种饮食习惯的不同，加上区域人群的性格差异，体现在今天我们各种南北差异中，小到日常的甜咸门派，大到性格上的北人豪爽南人婉约等，也是颇为显著。

11.许慎（约58—约147，一说约30—约121），字叔重，汝南召陵（隶属于今日河南省），东汉时期著名经学家、文字学家。他历时20余年，编撰了世界上第一部字典《说文解字》，使汉字的形、音、义趋于规范和统一，后人尊之为"字圣"。

12.《齐民要术》大约成书于北魏末年（533—544），由杰出农学家贾思勰所著的一部综合性农学著作，也是世界农学史上的专著之一。书中卷二详细对"谷类、豆、麦、麻、稻、瓜、瓠、芋"等饮食烹饪进行了记载。

灌汤包

灌汤包是包子类中内外兼修的佼佼者。其妙在于，造型上褶子匀称精致，入口汤鲜、肉嫩、薄皮，浑然天成又各有原香。

灌汤包早在北宋即已有之，今天在它的起源地开封，满城都是灌汤包店，并与鲤鱼焙面一起，被列为这个城市传承下来的经典美食。

做法

很多人好奇灌汤包里的汤汁是如何包进去的。其实它本就不是包进去的，而是馅料里边融化出来的，那么到底如何才能够让馅料融化成汤呢？说起来很简单——用猪皮冻。

灌汤包的面皮比一般包子的更薄，准备猪肉馅料的时候多入一道猪皮冻。上蒸笼蒸制的过程中，猪皮冻遇热融化，出炉时化为鲜嫩可口的汤汁，透过一层清透的薄皮异常诱人。不过灌汤包吃法必须讲究，开封当地人总结为：轻轻提，慢慢移，先"开窗"，后喝汤，一口吃，满嘴香。

灌汤包

蔬菜包

从制作上来说，包子是用发酵后的蓬松面团包馅上锅蒸制而成。其馅可荤可素，多为咸料，也有蛋奶油包、芝麻糖心包等，因为是用发酵面团制作，刚出锅的包子，夹杂着馅料的鲜香，松软好吃。

从造型上来说，常规的包子是圆形带褶，但是在民间，灵巧的人们将包子做成各种花样，动物形状的、植物形状的，也十分常见。

钳花包

钳花包的别致在于，在一个原本家常的小小包子上，对面团悉心雕刻，把一个简单不过的食物，制作成了一件简约可人的艺术品。

做法

开始工序跟普通的包子无异，差别在于增加最后两道：将包好的包子捏合处作为底端，外形制成馒头圆，再用雕刻好花苞纹理的钳子在成形的包子四周钳出花纹，要注意的是，压制的时候要用力一点，使得花纹深一些，否则一蒸，花纹就浅浅若无了，最后再在包子顶端点上一点红曲粉，一个娇媚美丽的钳花包就做成了。

说到这里，可能很多人对"红曲粉"很好奇，以为这是一种现代才有的食品添加剂，其实红曲粉是不折不扣的中国传统的食品着色剂，是一种天然的红色素，也叫红曲、红糟。作为一种腐生真菌，红曲粉是烹饪上色的好道具，古代医书《本草纲目》就有红曲入药的记载，到了现代红曲粉被广泛应用于降血脂、降胆固醇的药物中。

蔬菜包

钳花包

棉花包

棉花包

棉花包是个特别的存在。说它是传统糕点，似乎有点牵强，但是它确实是中国人的原创，呈现了近代国人在面食上对舶来品的接受与创新。

将低筋面粉经过泡打粉打发，猪油和牛奶混入面粉，滴入白醋，做成面浆，然后倒入带有纸托的模具中，上笼蒸制而成。其特色是入眼形色如棉花，入手蓬松绵软，入口奶香溢口，有种神奇的治愈感。

材料

低筋面粉 650 克，澄粉 100 克，糖粉 400 克，猪油 100 克，泡打粉 30 克，鸡蛋清 1 个，牛奶 450 克，白醋 30 克。

制作过程

1/ 将低筋面粉、澄粉、糖粉、猪油、鸡蛋清、牛奶加入碗中，搅匀调制成面浆，要充分搅拌不能有颗粒。

2/ 待面浆调制顺滑后加入泡打粉拌匀，最后慢慢倒入白醋。

3/ 调制好的面浆倒入模具中，每个倒八成满。

4/ 大火上笼蒸 15 分钟即可。

艾草柳叶包

柳叶包因外形类似柳叶而得名，其精致之处在于漂亮匀称的褶子，加入南方常见的中草药艾草后， 自带一股苦菜的清香，兼具抗菌抗病毒的功效。这一习俗主要是在中国民间素有艾叶预防瘟疫的做法，在很多地方民间都有挂艾草、洗艾水澡的习俗，艾草包、艾草饭、艾草糍粑也是春天民间常见的食物。

做法

看起来精致的艾草柳叶包，做起来并不复杂。将艾草等野菜煮烂剁碎过滤留下青汁，加入少许白糖去苦涩和面；馅料根据口味按照饺子馅做法即可。关键是捏制方法，将面皮对折后，把一端捏紧，两边交替向捏紧的一端压褶，形成清晰的柳叶痕迹。

莲花包

莲花包同样是形如其名，把蓬松暄软的馒头做成莲花的造型，需要费些心力时间。不过成型后，一朵朵盛开的莲花瓣结合中国人对莲花文化的独特喜爱，让包子也带上了一种独特的圣洁氛围。

做法

莲花包的制作技巧全在手头的剪刀功力。

面团发好做成常规包子后，用剪子一点点剪出花瓣造型，这很考验制作者的耐心和用力角度，同时剪口的大小也很关键，这些共同决定了莲花包的美观程度。

做好造型后，还需要轻轻刷上一层粉，最好是轻柔地刷出渐变效果。如此蒸好之后，当花瓣一片片膨胀而盛放的时候，莲花也就显得饱满而娇嫩欲滴了。

烧卖

烧卖源于包子，又不同于包子，是一种历史悠久土生土长的中国特色点心。其与包子的区别在于，使用的是未发酵面制皮，制作时顶部不封口，呈石榴状。

烧卖最早叫"捎卖"，典故据说起源于明末清初，在呼和浩特大昭寺附近，有哥俩儿以卖包子为生，哥哥娶妻之后包子店归哥嫂，弟弟在做包子时，捎带做了些薄皮开口的"包子"以示区分，包子钱给哥哥，捎带卖的"开口包子"的钱积攒起来。因为弟弟的"捎卖"很受欢迎，逐渐往南流传演绎成了烧卖。

时至今日，烧卖依然是中国人喜闻乐见的点心，全国各地知名烧卖有河南切馅烧卖、河北猪肉大葱烧卖、安徽鸭油烧卖、杭州牛肉烧卖、江西蛋肉烧卖、山东羊肉烧卖、苏州三鲜烧卖、湖南长沙菊花烧卖、广州鲜虾烧卖、蟹肉烧卖等，都富有特色，各有千秋。

做法

将糯米浸泡沥干，混入香菇、胡萝卜等，用油先炒一遍，让味道充分进入每一粒糯米的内心，然后再加入肉碎丁，这是馅料。

烧卖皮比起饺子皮清透，主要是用热水和面，这样形成的烫面团，半熟柔软，既增加了面粉的吸水性，又使其蒸熟之后不易变硬。如果想面皮更清透一些，可以按照 1：1 的比例加入土豆淀粉，再加入猪油和面即可。制作时在包入馅心之后，捏到即将合拢时，保留张口开花的形状。开口处可用多种食材装饰。

烧卖

玫瑰花卷

席"卷"天下

卷类面食，作为一种经典古老的面食，是比肩包子、馒头类的三大面食之一，它跟包子一样，起源久远，做法简单，可甜可咸，花式多样，可谓经典又家常，是席卷天下中国人的日常面类主食。

玫瑰花卷

玫瑰花卷，顾名思义外形别致如玫瑰，将南瓜、紫薯洗净，去皮，加入面粉发酵制作而成。

值得一提的是，花卷要制作得好；一是面要发得好，二则最好加点牛奶和面，这样醒后的面团更柔软。擀面的时候也要注意力道，厚薄适中，太薄，花卷成形后，容易受油浸的影响，发不起来；太厚的话，则层次不明显，也有碍口感。

玫瑰色，通常来自于紫薯、红苋菜或者红曲粉等天然植物染料，当然也有用抹茶、黄姜等不同辅料，做出更多颜色、口味的玫瑰花卷。

葱花卷

材料

低筋面粉 250 克，盐 4 克，泡打粉 2.5 克，酵母 2.5 克，葱花适量。

制作过程

1/　在低筋面粉中放入泡打粉、酵母，倒入 135 克水后揉成光滑面团。

2/　将面团擀成长方形，撒上盐和葱花卷起。

3/　用刀切成大小合适的剂子，在剂子的中间用筷子压一下后把剂子反过来卷起。

4/　常温下醒发 45 分钟左右，大火上笼蒸 10 分钟左右即可。

猪蹄卷

　　猪蹄卷，形如猪蹄，憨巧可爱，是较为常见的一种花卷，其用料简单，主要靠双手折出纹理，刀切成形。

懒龙

　　吃懒龙是很多地方"二月二、龙抬头"这一天的民间食俗，它类似花卷，传说吃了可以解除一年的懒意，因此家家户户都要做懒龙、吃懒龙。

　　在老北京，有惊蛰吃懒龙的习俗。仲春二月，平地惊雷，万物苏醒，百虫出洞，吃懒龙也寄托了驱邪防虫的愿望。

做法

　　将发酵好的面团，在案板上揉捏、排气，增加面的韧性，将面团擀成片状，铺上薄薄一层用香葱、肉馅、鸡蛋等多种作料制作而成的馅料，然后从一侧卷起，将边封住，放入锅中蒸熟，横切即可。

紫薯花卷

　　紫薯花卷，是将煮熟压成泥的紫薯与面团混合在一起，制作而成。紫薯的
颜色加上甜度，让其比单纯的白面花卷更为色泽香甜。

宝珠市"饼"

宽泛来说，扁圆形的面制烤制食品即为饼。在古代，饼是各种面食糕点的总称，由面粉制作的食物，大多可称作饼；后来随着制作面食的技术与手法不断发明创新，死面、发面分别通过煮、蒸、煎、炸、烤、烙衍生出无数种饼，才逐渐将包子、馒头、面条等从饼的大类中分离出去，直到今天我们所说的"饼"依然是一个庞大的复杂面食糕点的统称，颇难再继续分类穷尽，加上想到"宝珠市饼"这个成语，也就放下这个执念了。

再从制作方法上来说，饼的面团，可以用俗称死面（或生面）的面团，也可以是经过发酵（俗称活面或发面）的蓬松面团，抑或用水油混合调制的油酥面团，经过加入不同作料、馅心，再通过或烤或烙的烹制，饼的花样成千上万，也就再自然不过了。

烧饼

烧饼，又叫大饼、烤饼、胡饼，传说是汉朝时班超出使西域，从那边传来的。《续汉书》曾记载说："灵帝好胡饼。"胡饼即为当时西域人制作的烧饼。

唐朝时胡饼更为常见，《资治通鉴·唐纪》记载"安史之乱"后，唐玄宗外逃途中："食时，至咸阳望贤宫，洛卿与县令俱逃，中使征召，吏民莫有应者。日向中，上犹未食，杨国忠自市胡饼以献。" 不知道高高在上的盛唐帝王在落难时刻，狼狈食胡饼，是否会别有一番滋味！

如今，烧饼作为饼中最为大众化的烤烙面食，可以说全国有一千个地方，就有一千种烧饼，甚至每个人都有一份自家记忆中的烧饼味道。全国各地比较知名的烧饼有缙云烧饼、黄桥烧饼等，北京的牛舌饼、山东的火烧，也属于烧饼类别。

芝麻烧饼

芝麻烧饼

芝麻烧饼古已有之，当时人们称之为"胡麻饼"，始见载于东汉刘熙《释名》。

芝麻与烧饼似乎是天生的搭档，色泽金黄、外皮酥脆的烧饼，外面点缀芝麻的浓香，内部再结合柔软的鲜肉馅心，就成了一种特别日常而又记忆久远的传统美味。

在大唐时期的长安，胡麻饼是一种极为常见的糕点，至今，在西安依然有多到数十种的 "芝麻烧饼"，既可饿了充饥，又能配合涮羊肉佐食，是当地备受欢迎的一种糕点。

状元饼

肉松饼

状元饼

状元饼是带馅酥饼的一种，原本素常，只因状元梦，是自古学子心结，状元饼也就全国可见，其中以湖北天门以及老北京的状元饼最为知名。

肉松饼

作为与酥饼结合的一种糕点，肉松饼因肉松馅料的鲜香即溶，而更显酥饼甜脆留香。

贵妃饼

贵妃饼也是传统饼类的一种，创意源于唐朝杨贵妃的额头装饰，因此在民间称为"贵妃饼"，其圆润饱满的外观，仿佛来自唐朝时的审美，以胖为美，上面的红点，宛如大唐贵妃额头的妆容。

千层饼

千层饼在很多地方极为常见，原本普通的饼，因每层裹入了葱油配料而给口感带来了更多的层次，表层粘满的芝麻浓香混合面饼的原味，使得千层饼成为诸多人的心头好。

贵妃饼

太史饼

　　太史（师）饼是江苏特产，据说已有上千年的历史。其特色在于金黄脆嫩的饼皮，白糖桂花猪板油丁的馅心，吃起来甜肥滋润，别有风味。

蟹壳黄

　　蟹壳黄，作为上海糕点的代表，是一种用发面加油酥制成面皮再加馅的酥饼，因其形圆色黄似中秋时节煮熟了的蟹壳而得名。

　　其特色是用料灵活，制作精细，其馅心有甜咸两种，兼顾了南北风味，也体现了上海这座城市的兼容并蓄。

材料

馅：猪板油250克，火腿25克，葱花75克，盐2.5克，味精3.5克，白糖2.5克，白酒少许。

油酥皮：低筋面粉200克，猪油100克。

油面皮：中筋面粉300克，猪油50克，酵母3克。

鸡蛋液、白芝麻各适量。

制作过程

1/　猪板油中加入火腿、葱花、盐、味精、白糖拌匀后滴入少许白酒提香制成馅心，放入冰箱冷藏待用。

2/　低筋面粉中加入猪油揉搓均匀制成油酥。

3/　中筋面粉中加入猪油、酵母拌匀，倒入冷水揉成面团，摔打面团至上劲、光洁。

4/　面团醒一下后，擀成油面皮，将油酥包入油面中开酥，一次开三再擀开。

5/　搓条下剂，剂子擀开，包入馅心，再擀成椭圆形，刷蛋液，裹上白芝麻。

6/　放入烤盘中，放入上下炉温为230℃的烤箱中烤14分钟左右即可。

大史饼

蟹壳黄

绿茶饼

　　绿茶饼区别于普通饼的地方在于馅料中加入了抹茶粉，有一股独特的清凉风味。

　　抹茶作为一种常见的糕点原料，在西式餐饮中广泛使用，因而很多人误以为抹茶是西方做派。事实上，同红曲粉一样，抹茶作为一种美丽的饮食调味颜料，也是不折不扣的中式食材。

　　早在隋唐时期，那时的中国人已经学会了采集春天的嫩茶叶，经过蒸青处理后，做成干燥的茶饼，然后碾磨成抹茶粉，放在阴凉低温的地方干燥保存。如此制作而成的抹茶粉，保留了茶叶的活性，还具有特别清香的味道及淡然的色泽，倒入开水中饮用，清新爽口，加入到面粉中，做成的面食也别具一格。

绿茶饼

红豆水晶饼

红豆水晶饼

水晶饼是陕西地方名点，其特色在于"金面银帮，起皮掉酥，天润可口"。而红豆水晶饼，则是在晶莹剔透的水晶饼里裹入细腻甜软的红豆馅，自带一股浓郁的赤豆芳香。

关于水晶饼有个流传甚广的典故，说是在北宋时期，宰相寇准从开封回陕西探亲，恰逢 50 大寿，乡亲们送来寿桃、面花、寿匾祝寿，其中有一件晶莹透亮如同水晶石一般的糕点，并附上了一首诗："公有水晶目，又有水晶心，能辨忠与奸，清白不染尘"，落款是渭北老叟。寇准根据其特点给它起名"水晶饼"，从此广为流传。

相比于其他馅饼，红豆水晶饼的特色在于水晶皮，看起来晶莹剔透，其实做法并不复杂。将食用澄粉（即洗掉面筋的小麦粉）和玉米淀粉，按照澄粉 100 克，玉米淀粉 30 克，开水 130 克的比例，快速搅拌烫熟，然后再揉成面团，醒半小时左右。用这种面做的面皮就像水晶一样半透明，好看又好吃。

在北方糕点中，水晶面皮较少见，但在广式糕点中很常见，如虾饺等。

材料

馅：红豆馅适量。

皮：澄粉 250 克，玉米淀粉 75 克，绵白糖 200 克，猪油少许。

制作过程

1/ 澄粉中加入开水搅拌成微烂状态。

2/ 加入淀粉揉匀，加入绵白糖。

3/ 搓匀后加入适量的水至舒适的软硬度，最后加入少许的猪油。

4/ 准备水晶饼模具，将面团下剂，包入红豆馅压模。

5/ 放入蒸箱大火蒸 8 分钟即可。

櫻花酥

滴粉搓"酥"

想到酥类糕点，人们的直觉多半是油多而松脆。确实，酥类的做法就是将面粉配合糖、油加入极少量的水，发酵膨胀之后烤制而成。特点是外表酥脆不挂糖，内心含糖含油不包馅。

因为重糖重油而干燥，酥类糕点在现代人眼里，常常被列为"油炸"食品，而被放到了健康饮食的对立面，但是在过去，酥类糕点因为不变形、无收缩、不坍塌、酥皮金黄、有光泽等特点，是古人寄托美意的上乘佳品。

这就好比，旧时舞台上的角儿个个都得滴粉搓酥，而到了现代因为高清镜头的出现，最耀眼的主角看起来是裸妆才是对的，人们的审美因时而异，饮食也如此。

樱花酥

樱花酥，是用传统酥的手法制作出的新型象形糕点，形若樱花，色如粉颊，惹人垂怜，轻轻一口，仿佛咬住了烟花三月晴空下的那一片樱花粉与天空蓝。

做法

樱花酥的面团制作，跟其他酥类的油皮食材做法一样，将低筋面粉混合猪油和好发酵，特别之处在于加入红曲粉，使得油皮色泽粉嫩，包入红豆馅心之后，搓圆、压扁，再用雕刻刀划成樱花的五瓣，最后放入烤箱。

海棠酥

海棠酥

　　海棠酥，顾名思义是以海棠花为造型的酥类糕点。作为一款传统糕点，海棠酥如一朵盛开的海棠花，颜色也非常柔嫩逼真，惊艳了很多外国人，被誉为最美中式糕点。

桃酥饼

荷花酥

每年夏天，杭州西湖畔的荷花亭亭玉立，出淤泥而不染，而荷花酥，就是杭州的厨师艺人们精心制作的一款象形糕点。

作为比肩海棠酥的一款造型逼真的中式传统糕点，荷花酥同样是用油酥面团制作而成，酥层也同样多层而清晰，近乎糖果酥。

糖果酥

糖果酥，是层酥糕点的代表，造型精美、口感酥脆，制作难度大，一般在高档宴席才会出现。

很多人第一次见到糖果酥，都会好奇这层层叠叠的纤细酥层是怎么制作出来的？其制作技巧在于将酥面团擀成皮，反复对折、开酥、成形，再炸制而成。

当然说起来简单，真的制作起来另有一番难度，这也是许多中式传统糕点的特点，在简单的背后是自古至今，一代又一代心灵手巧的糕点师傅在"食不厌精、脍不厌细"中不断探究、实践，精益求精的结果。

桃酥饼

材料

低筋面粉 500 克，猪油 350 克，绵白糖 300 克，盐 2.5 克，小苏打 10 克，泡打粉 3 克，鸡蛋 1 个。

制作过程

1/ 将猪油、绵白糖混合搅至发白。

2/ 加入鸡蛋后继续搅至糖化开。

3/ 将低筋面粉、盐、小苏打、泡打粉混合后倒入鸡蛋液，揉成光洁面团。

4/ 搓条下剂，擀成大小均匀的饼状，放入烤盘中，饼中间用大拇指略微按压一下。

5/ 放入烤箱中 180℃烤 20 分钟左右即可。

荷花酥

糖果酥

70

刺猬酥

刺猬酥的特别之处，在于造型酷似刺猬，可爱而灵动。

花生酥

核桃酥

花生酥

花生酥，作为一款仿生酥点，酷似花生而充满萌趣。

核桃酥

核桃酥作为一款常见的象形酥油糕点，若一颗颗真的核桃，可以以假乱真；
其口感甜脆，质地细腻，也广受人们喜爱。

核桃酥的原料主要有面粉、核桃、枣等，关键是模具和调色。

小鱼酥

小鱼酥顾名思义，是一款制作成小鱼造型的仿生酥点。

眉毛酥

　　眉毛酥是四川省宜宾地区的特色层酥糕点，其特色是酥油面团经过包馅、

炸熟、起锅后，造型逼近眉毛，酥层分明，入口油润酥脆。

盒子酥

　　盒子酥，相比起造型更为逼真的荷花酥、糖果酥，其制作工艺并不繁杂，但想要制作得色泽微黄、层次清晰、疏松甜香，则又非常考验手艺。

　　时移世易，曾经在街头寻常可见的盒子酥，现在越来越难吃到了，实在是制作过程太费工夫，而酥类成品又越发不受现代饮食习俗的待见。

京式糕点：南北两"案"喜相逢

从地域上来说，中华传统糕点细分起来大概有十余支，京式、苏式、广式、潮式、宁式、川式、滇式、沪式、扬式、津式、闽式等，诞生地多为当时交通便捷经济繁荣烟花繁盛的核心城市，这些流派相互之间也在互通有无不断融合，特别是北京、苏州、广州这几个作为中国古代三大核心经济圈的地方，对周边糕点派别影响极大，至今京式、苏式、广式依然是中华糕点的核心流派。

虽说是相互影响，但我国幅员辽阔，加之以前交通物流极为缓慢，因而几大核心流派糕点的差异与特色还是很明显的。

拿京式糕点来说，以京津地区为代表，在地域上以京津两地为主，涵盖大部分北方地域民族的糕点种类，其特色是面食为主、品类繁多、历史悠久，呈现多民族融合态势。

最早的京式糕点，在元朝时期初具规模；到了明朝，随着朱棣皇帝从南京迁都北京，第一次大规模将南方糕点带入北京；清朝入关后，又带来了满族糕点，加之北京作为全国的政治文化中心，本来就经济繁荣，南来北往的商贾云集，极大地丰富了北京糕点的品种，也形成了京式糕点与南方不同的风格，当时俗称南北两案。南案糕点，多为江浙口味，做工精细灵动，口味恬淡清香，如枣泥麻饼、杏仁酥、绿豆糕等，以及从更南的云南进贡而来的鲜花玫瑰饼等；而北案糕点则以京八件、牛舌饼、山楂锅盔、馓子、麻花、开口笑等为代表，以及清真素案糕点等，其特点是多油炸、耐干燥，同时造型好看，色彩明艳。

此外，京式糕点还有一个鲜明的特点是食用的场景规矩多。细细想来也很正常，毕竟在天子脚下，生活在这里的人们自有一套讲究的礼仪，来承载他们生活在天子脚下长期接近上层文化而养成的优渥心态。在京式糕点上，则体现为拿得出手、合得上规矩、经得起讲究，大小京八件就是典型代表。

京八件

京八件

京八件，原本是清朝皇室王族在重大节日典礼中摆上餐桌的八种糕点的统称，以饼酥为主。后来流传到民间，成了老北京人走亲访友互相馈赠的伴手礼，特别是出嫁的女儿，逢年过节回娘家，必须要去饽饽铺买的伴手礼，大方而漂亮。

传统的京八件，有大八件和小八件之分。大八件一斤（500克）正好八块，材料是精白面、白糖、猪油、蜂蜜，加入用山楂、枣泥、葡萄干、豆沙、青梅等各种果料子仁作为馅心烤制而成的糕点，放在各种圆形、桃形、正方形等不同图案的印模里烤制而成。

"福字饼"象征幸福美满。

"太史饼"追求的是高官厚禄。

"寿桃饼"祈祷长寿健康。

"喜字饼"寓意喜庆如意。

"银锭饼"直白地表达对财富的向往。

"卷酥饼"外观就像一卷书，寓意智慧才华。

"鸡油饼"谐音就是"吉"庆有余。

"枣花饼"是早生贵子、多子多孙。

小八件类似，不同的是，一斤八样十六块，单品分量更小一点，更为精致。

相比于大八件的个个口彩，小八件则是做成各种水果形状，有小桃（寿）、小杏（幸福）、小石榴（多子多孙）、小苹果（平安顺遂）、小核桃（和美）、小柿子（事事如意）、小橘子（吉祥）、小枣（早）等。

萨其马

山楂锅盔

开口笑

萨其马

萨其马是最鲜活的传统京式糕点，特色是色泽米黄、酥松绵软又香甜可口，至今在我们的日常糕点中常年存在，备受全国人民喜爱。

据说，萨其马源于清朝关外三陵的祭品，《燕京岁时记》有记载："萨其马以冰糖、奶油合白面为之，形状如糯米，用不灰木烘炉烤熟，遂成方块，甜腻可食。"

山楂锅盔

山楂锅盔，听着名字非常硬朗，实则饼皮酥嫩可口。其内馅为山楂与糖、油混合而成，有一种特别的甜酸口感，兼具一定的保健功效。

开口笑

开口笑，是老北京民间最著名的油炸面食，其制作工艺和原料很常见，特色在于其油炸后裂如咧开的笑嘴，口彩异常，讨人欢喜。

材料

低筋面粉 250 克，猪油 40 克，吉士粉 40 克，绵白糖 100 克，泡打粉 5 克，鸡蛋 2 个，白芝麻适量。

制作过程

1/ 将猪油、绵白糖混合搅至发白。

2/ 加入鸡蛋液后继续搅至白糖化开。

3/ 将低筋面粉、吉士粉、泡打粉混合拌匀倒入搅拌后的鸡蛋液中，揉至面团光滑。

4/ 搓条下剂，将剂子搓圆沾水裹上白芝麻。

5/ 锅中倒入油大火烧至 160℃，下芝麻坯子，开始不要去动它，待慢慢浮起后改小火炸至金黄色开口状。

枣花酥

宫廷糕点，假作真时真亦假

如果说满汉全席是假想出的帝王盛宴，宫廷糕点则源于民间对皇家零食的仿制，当年紫禁城里的人们吃的糕点到底什么样子，从当年清末宫中流落民间的御厨帮手凭借记忆复制而成的糕点里，我们可以窥见一斑。再配合着许多口口相传隐秘又活灵活现的关于帝王与宫廷饽饽的传说，从而形成了今天我们独特的宫廷糕点类别。

枣花酥

枣花酥，是清中后期皇室婚丧典礼必不可少的礼品和摆设，后来随着御膳房在民间的风行，跟"京八件"一道进入寻常百姓家。据说，枣花酥是慈禧太后最爱的糕点之一。

作为酥油糕点的一种，枣花酥以枣泥、糖粉为馅料，制作精美，形如一朵盛开的枣花。

驴打滚

驴打滚又叫豆面卷子，起源于东北八旗子弟爱吃黏食，用黄米面加水，裹入红豆沙卷起蒸熟而成，因其最后制作工序是撒上一层黄豆面，犹如老北京郊外野驴撒欢打滚时扬起的阵阵黄土，因此得名"驴打滚"。

材料

糯米粉 80 克，黏米粉 20 克，熟黄豆面 80 克，白糖 10 克。

馅：红豆沙适量。

制作过程

1/　将糯米粉、黏米粉、白糖、100 克水一起倒入容器中搅拌均匀制成面浆状。

2/　放入蒸锅中蒸 25 分钟。

3/　待冷却后拿出，案板上铺上黄豆面，将熟面团移入黄豆面上，擀成厚薄均匀的长方形。

4/　铺上红豆沙，顺一方向卷起，抖去多余的豆面。

5/　用刀切成寸段即可。

驴打滚

豌豆黄

豌豆黄

豌豆黄原本是北京郊区常见的民间小吃，用豌豆面制作而成，外观呈浅黄色，味道香甜，清凉爽口。后传入宫廷，因慈禧太后喜食而由清宫御膳房精进而成，至今依然是宫廷糕点的代表之一。

材料

脱皮干豌豆 150 克，细砂糖 65 克。

制作过程

1/ 将干豌豆洗干净后加入 3~4 倍体积的清水浸泡 3~4 小时。

2/ 泡发的豌豆连同足量的水一起倒入锅中，大火煮开，加盖小火煮到豌豆用小勺能轻松压烂的程度。

3/ 将煮好的豌豆连同煮豆的水，加入细砂糖一起倒入食品料理机里打成豌豆泥。

4/ 将豌豆泥倒入不粘锅中，开大火烧开后转小火翻炒到豌豆泥变浓稠（用铲勺挑起豌豆泥呈大块状滴落，滴落后不会马上和锅里的融合，而是仍保持一定的形状）。

5/ 炒好的豌豆泥倒入容器中，表面刮平，包上保鲜膜放入冰箱中冷藏 4 小时左右直到完全凝固结块。

6/ 吃之前切成小块即可（可用枸杞子装饰）。

芝麻卷

芝麻卷是满汉全席糕点之一。因芝麻含有丰富的营养，有降血压、养发乌发、抗氧化、增加肠胃蠕动等功效，而成为宫廷皇家糕点之一。

山楂糕

山楂糕作为清朝后期的一种宫廷糕点，因慈禧太后晚年经常用来健胃消食而出名，并被其赐名为"金糕"。

仙豆糕

仙豆糕是比较常见的传统糕点，这两年在烘焙届很流行。究其原因，制作简单、名字别致很重要之余，外酥里嫩的口感和丰富多样的馅料，也契合了现代人对秀色可餐的追求。

做法

将紫薯或红豆、栗子、绿豆等含水量少的食材，制作成不同颜色的馅料，再将面粉混合蛋液和好，擀成皮，将馅料包入，用模具压制上花纹，随后放入烤箱或平底锅煎烤即可。

材料

山楂 1000 克，白糖 400 克，冰糖 150 克，柠檬汁、盐各少许。

制作过程

1/ 水里放少许盐，放入山楂，泡 15 分钟后拿出洗净。

2/ 将山楂蒂挖掉，柄的部分不用挖。

3/ 锅内烧开水放入山楂，倒入柠檬汁防止氧化。

4/ 煮 3 分钟后捞出山楂，不要煮过久，会把山楂皮上的颜色煮掉。煮山楂的水不要倒掉，打泥的时候用一部分。

5/ 山楂放至温热，把柄的部位往外拉出核和筋。

6/ 去核后的山楂倒入破壁机中，再加入部分煮山楂的水一起打成泥状，过筛去除渣子。

7/ 倒入不粘锅中加白糖和冰糖，慢慢翻炒。

8/ 熬至挂在铲子上滴落缓慢。

9/ 趁热倒入刷好油的容器中，抹平，轻轻震几下，待凉后放入冰箱冷藏即可。

仙豆糕

八珍糕

八珍糕又名清宫八珍糕，是清宫最为知名的食疗方之一。颇为特别的是作为一款药膳糕点，它还有男女版本之分。

男版基础配方是茯苓、芡实、莲子、山药、扁豆、薏米等8种食材，按照一定比例制作。

据说乾隆一生酷爱八珍糕，而八珍糕也因乾隆皇帝常年用来补身，并得以延年益寿而出名，传说，他年轻时食用的八珍糕后两味为山楂和麦芽，目的是消食化积。年老后，去这两味而用人参和党参，目的是强身健体。

女版八珍糕源于慈禧。据说，光绪六年九月某天，慈禧由于嗜食油腻肥甘病倒宫中。太医认为其病是脾胃虚弱所致，经过众医研讨，最终开了八味既是食物又是药物的处方：茯苓、芡实、莲子、薏米、山药、扁豆、麦芽、藕粉各二两（古代16两为1斤，现代1两为50克，1斤为500克），共研细粉，加白糖七两，用水调和后做成糕点，并取名"健脾糕"。

慈禧食用之后，食量大增，病状全消，高兴之余便将"健脾糕"改称"八珍糕"，从此，女版八珍糕成了慈禧最喜食的食品。

材料

白扁豆、白术各30克，茯苓、薏米、莲子肉、芡实、党参各50克，淮山药、藕粉各60克，糯米粉100克，大米粉300克，白糖适量。

制作过程

1/ 按方子准备食材并打粉，过细筛。

2/ 用热水拌所有食材，混合成团，和好后醒30分钟。

3/ 分剂子放入模具中压出花纹造型。

4/ 放入蒸笼中蒸40分钟即可。

SUMMER

/夏

夏三月，

从立夏到立秋，

包括立夏、小满、芒种、夏至、小暑、

大暑六个节气。

夏至阴生，盎然的生命，

需要用尽全力去蓬勃盛放！

万物生长，阳盛阴生

如果说春是播种希望，那么夏则是烈日灼人，万物疯长，不舍昼夜！

吸收最炽热的阳光，浇灌最丰沛的水源，耕种的人们挥洒汗水，万物尽情尽力生长。民以食为天，饮食大事乃人之根本，虽然我们活着不是为了吃，但是为了吃，我们必须全力以赴。

万物相依，在最热烈的夏天，阴也在萌动。从饮食的习性而言，夏季的糕点必须兼顾消暑纳凉，因此粽子、薄荷糕等成了这个季节的糕点主打。

端午，粽子包裹下的龙图腾

名称	端午节	习俗	划龙舟、挂艾草菖蒲、放纸鸢等
时间	农历五月初五	糕点	粽子、五黄、咸蛋等
别称	粽子节、龙舟节等	英文	Dragon Boat Festival
起源	天象崇拜、龙图腾等		

"端午"一词最早出现于西晋。

《风土记》[13] 记载"仲夏端午谓五月五日也，俗重此日也，与夏至同"；《说文解字》曰："端，物初生之题也"；《岁时广记》则记载："京师市尘人，以五月初一为端一，初二为端二，数以至五谓之端五。"可见五月初五端午，节如其名。

何时、又因何故，五月初五成为端午节的呢？端午流传最为广远的是"纪念屈原"，据说战国时期的楚国诗人屈原在这一天投入汨罗江，人们不忍让江河里的鱼去吃他，纷纷投入粽子。不过这一说法，已经被近代史学家否认，并证实早在屈原出生以前，端午节已经存在，纪念屈原不过是后人的善意虚构。

此外，在民间关于端午来源的相关人物还有伍子胥、孝女曹娥、介子推、廉吏陈临、越王勾践等，不过这些也都被考古学者证明是牵强附会。

现在史学界比较趋同的说法是，端午最早盛行于南方吴越一带，主要源于当地先民的天象崇拜，是当时人们拜祭"龙图腾"的日子。

从时节看，端午恰逢仲夏，苍龙七宿[14] 飞升至正南中天。后来在数千年的民间演绎过程中，不断杂糅了更多民俗进来，端午也就在这些古老传说、星象文化的基础上，形成了深邃丰厚的文化内涵，拥有了众多的节日习俗，至今不辍。

端午节最主要的节日习俗吃粽子和赛龙舟，都与龙相关，可见龙文化在端午中的重要。古人将粽子投入水中祭祀龙神，赛龙舟则是用竞渡来表达对龙神的图腾崇拜。也难怪我们的端午节，在英译中为"Dragon Boat Festival"（直译龙舟节）。

作为一个传统大节，端午节论民俗之繁多复杂，或可和春节比拟。这从端午数不胜数的民间别称可见一斑：龙舟节、粽子节、五月端、艾节、菖蒲节、天医节、草药节、浴兰节、龙日节、五黄节、诗人节、躲午节……

13.《风土记》是古代书籍名称，为西晋周处编著，是记述地方风俗的名著，也是我国较早记述地方习俗和风土民情的著作。

14. 苍龙七宿，又称东方青龙七宿。上古时代人们根据日月星辰的运行轨迹和位置，把黄道附近的星象划分为二十八组，俗称"二十八宿"。二十八宿按照东南西北四个方向划分为四大组，产生"四象"：东方苍龙、南方朱雀、西方白虎、北方玄武。在东方的七个星宿分别叫作："角、亢、氐、房、心、尾、箕"，七宿组成一个完整的龙形星象，人们称它为"东方苍龙"。

从这些名字也可以窥见全国至今流传的端午习俗：吃粽子、赛龙舟、喝雄黄酒、挂艾草菖蒲、洗草药水、拴五色丝线、佩香囊、放纸鸢等。虽然这些习俗因地域文化略有差异，但无外乎祈福、消灾两大主题，寄托着百姓迎祥纳福、辟邪除灾的朴实愿望。

中国端午文化在世界上影响广泛，韩国、越南、日本、新加坡等地都有带着中华印记的端午文化；同时，端午也被列入联合国教科文组织《保护非物质文化遗产公约》人类非物质文化遗产代表作名录（2009 年 9 月入选）。

韩国：艾草糕 + 樱桃茶 + 醍醐汤

在韩国，端午节用于祭祀祖先、祈求丰年、保佑身体平安。端午节期间韩国人多喜食艾草饼与艾草糕、品樱桃茶、喝醍醐汤。

日本：粽子 + 槲叶糕 + 菖蒲酒

粽子在日本古代称为"茅卷"，呈圆锥形。最初是将粳米蒸熟捣碎成年糕状后用茅叶包裹，再入水煮熟。后来改用菖蒲叶、竹叶、芦苇叶等包裹，制作方法也逐渐多样化。

新加坡：娘惹粽

每年端午节，新加坡人也有赛龙舟、吃粽子的习俗。其中娘惹粽是新加坡特有的端午美食。用独特香料芫荽粉配上酱油，精心腌制上等瘦肉，再配以杳甜爽口的冬瓜条混炒，最后裹入透白晶莹的糯米之中。

越南：黄姜糯米饭 + 方形粽子

端午节时，越南人会准备黄姜糯米饭，来感谢祖先的恩惠，并祈求祖先保佑风调雨顺，五谷丰登。此外，越南人认为黄姜饭里的黄姜有避瘟疫、解毒和防疮等功效。

"粽"情欢乐

端午起源的吴越之地多河流，盛产稻米，也因此端午的饮食习俗中"米"占据了主角，特别是端午粽籺，自古流传，千百年来历经朝代转换，至今未衰。

粽籺，今天我们统一称呼为粽子，主要材料是稻米、馅料和箬叶（或其他可替代性绿叶）等，包成大大小小不同形状，有三角形、四角形、正方形、长方形等；在饮食习惯和口味上，粽子还有南咸北甜的差异。

从起源来说，粽子最早用来拜祭祖先和神灵，大约到了晋朝，粽子已成为端午节庆食品。历史上关于粽子的文字记载，最早见于汉朝许慎《说文解字》中的"芦叶裹米也"。西晋周处也在《风士记》明确提到了"角黍"一词："仲夏端五，方伯协极。享用角黍，龟鳞顺德。"

在南北朝时期，已经出现了在粽子米中掺杂禽兽肉、板栗、红枣、红豆等现象，也是这个时候粽子种类大增，并逐渐成了社交礼品。

米与中国人

大约在 7000 年前的新石器时期，中国人开始食用稻米。一直以来，中国的水稻主要有籼稻和粳稻两大类。籼米又名机米、南米，吸水性强、出饭率高，黏性相对较小，例如长粒江香米；粳米分早粳米和晚粳米。早粳米腹白较大，米质较差；晚粳米腹白小，品质好。主要产于华北、东北和苏南等地。

早在战国之前，华夏民族就把当时中国经济文化中心黄河流域的主要粮食作物总结出"五谷"一说，分别是"麻、黍、稷、麦、菽"。

后来，随着稻米产区在中国不断扩张，稻米已经成为全国最大的主粮，甚至超越小麦，进入五谷并且居首位，"稻、黍、稷、麦、菽"一说渐成主流。

盛唐，少年才俊白居易初到皇城，诗坛前辈顾况见名讥笑"长安米贵，居大不易"。这个典故，也印证了当时长安人已经将米食作为主食。可以推断伴随着农耕技术的发展与进步，稻米历经时间的筛选，在唐朝中国人的餐桌上逐渐成为最重要的主食。

到了宋朝，随着稻米产区的扩张，尽管全国的政治重心仍在北方，但第二经济、文化重心已经开始在长江流域出现，国家经济也越来越依赖长江以南稻作区的钱粮赋税了。

稻米养育了中国人，说的就是随着宋朝南迁，稻米产区也顺势成了政治经济文化中心，并且在此后的数百年时间里，稻米越发居于麦面之上。

也因为中国稻米与政治经济文化中心的历史变迁发展过程，与中国的人口增长轨迹完全一致，有社会学家总结说，几千年来中国人口增殖史以及文明发展史，就是水稻扩张及增殖的历史。

确实，中华民族的发展与稻作农业盛衰有密切关系。在秦汉之前，长江流域及其以南地区，基本是森林湖泊。到了唐宋，大量北人南迁，适合稻米生长的南方地区成为人口繁衍的主要区域。从历史人口数据来看，北宋以前中国人口从未超过6000万，此后人口不断增加，到清朝末年达到了4亿多……

在中国人一年四季的节日里，米食糕点从来不可或缺。过年必须吃块年糕，寓意"年年升高"，元宵汤圆团团圆圆，端午粽子从来主角莫属，重阳佳节倍思亲登高吃重阳糕也是很多地方的食俗，腊月初八怎少得了腊八粥……

说稻米养育了中国人，除了其主食意义之外，也因为大米具有"十项全能"的本领，可粒可粉，可做主食可入菜肴，制作糕点更是司空见惯。

就米食糕点外形来说，从食用方法上说，在不改变稻米形状的前提下，将稻粒经过舂、磨等工序去皮为米之后，焖煮成米饭，直接制作成各种米粒糕团自然不在话下，裹上外皮制作成粽子、烧卖等也是十分常见的做法。

将米粒碾碎成粉，则可制作成米粉、米线、年糕、汤圆；经过进一步精细化工序，加上配料等，可制作成驴打滚、蒸糕、桂花糕等诸多糕点美食；用米粉包裹或甜或咸的馅心则又有了青团、麻团等各类糕点；此外掺入更多杂粮，可制作混合糕点……这些做法，如果再变换着蒸、煮、油、炸、烘焙等制作手法，米食糕点的品类就更加丰富多样了。

此外，稻米经过发酵，又是一番滋味，醪糟鸡蛋、酒酿圆子等美食，美容又养颜，这又构成了另一番极具特色的中国食米文化。

迷你粽

　　玲珑可爱的迷你粽，只用一张箬叶，包裹得严严实实，糯米完全浸透了叶子的清香，一个一个，让人忍不住多吞几口……

　　至于是什么口味的，小枣的、豆沙的、紫薯的、鲜肉的……

　　那就随你喜好了！

迷你粽

笔粽

竹筒粽

笔粽

追求粽子造型上的多样化，大概在唐朝，锥形、菱形粽子成为风尚；宋朝时候，果品蜜饯入粽，进一步创新了粽子种类，到了明清两代，粽子已成吉祥食品，据说那时凡参加科举考试的秀才，在赴考场前，要吃家中特意给他们包的细长"笔粽"，谐音"必中"。

竹筒粽

竹筒做容器，在每一节竹子中盛水盛米，一般用宽大的蕉叶、粽粑叶封口。蒸出来会有竹子的清香。

制作竹筒粽是很多云贵地区少数民族的饮食习惯。每当山上的金竹、香竹、薄竹、甜竹等萌发新笋时，就是制作竹筒饭的时节了。

在每一节竹子中填入糯米或香米，加入适量泉水，用宽大的蕉叶、粽粑叶封口，然后将竹节朝下、口朝上，立于熊熊烈火中烧。待到米饭香气溢出之时，打开封口，那叫一个色泽新绿、味道馨香。

笋壳粽

笋壳粽是用斑竹笋壳来包，糯米中放点儿碱面，吃起来软糯粘牙还带着笋壳的清香，蘸一点儿白糖或淋上热乎的红糖汁，便是四川地区非常传统的吃法。

提到包粽子，我们首先想到的是用粽叶，在全国大部分地区都有出产，且余味清香；但是在没有粽叶或者不方便的时候，怎么包粽子呢？智慧的中国人当然是就地取材。譬如在生产竹子的四川，竹笋壳就成了粽子的外衣。

竹笋壳，名曰壳，其实是一种变态的叶，生于竹竿和主枝的各节，对笋和幼嫩的节间起保护作用，节间停止生长后逐渐脱落，少数可存数年之久。用它包粽子，有韧性又有竹子的清香，于是笋壳粽也就成了当地的特产，中华粽子大家庭也多了一道风味特色。

专题

粽子之外，端午的饮食还有这些

雄黄酒： 端午饮雄黄酒的习俗，主要在长江流域盛行。用磨成粉末的雄黄泡制的白酒或黄酒，可解毒、杀虫，古人以之克制蛇、蝎等百虫。

五黄： 江浙一带有端午节吃"五黄"的习俗。五黄是指黄鱼、黄瓜、黄鳝、鸭蛋黄、雄黄酒。因此农历五月，江南人常称之为"五黄月"。

打糕： 端午节是吉林延边朝鲜族人民的隆重节日，这一天，这里家家户户吃打糕。

打糕，是将艾蒿与糯米饭放置于独木凿成的大木槽里，用长柄木槌打制而成的米糕。这种食品很有民族特色，很能烘托节日的气氛。

煎堆： 福建晋江地区，端午节家家户户还要吃煎堆，就是用面粉、米粉或番薯粉和其他配料调成浓糊状煎成。相传古时闽南一带在端午节之前是雨季，阴雨连绵不止，民间说天公穿了洞，需要"补天"。端午节人们吃了煎堆后雨停了，大家都说把天补好了。这种食俗由此而来。

米糕

节节"糕"升

"糕"的本意是指用米粉、面粉或豆粉做成的糕饼，并且在每一个重要的节日里，人们都喜欢食糕，特别是在春节，有些地方的百姓，新年第一天的早上一定在说话做事之前吃一口糕，寓意着新的一年"节节高升"。

从制作原料上来说，在全国糕似乎更偏重于用米粉或豆粉制作，事实上从糕字的组成上来看，"羔"意指"补品、温食、软食"，"米"与"羔"联合起来表示"米制的又暖又软的食品"。

对于这个定义，生活在江南地区的人们应该最有感触。不同于北方盛行的饼、酥，南方的糕团文化最是软糯而温润，所以也不同于饼酥类糕点的干燥耐保存，糕团最好当天买当天吃，带着热锅气才有口感。每到春天时节，在盛产糕团的上海街头，现在还保留着一些传统的糕团店铺，数十种糕团一字排开，有青团、条头糕、双酿团、金团……糕点主体是乳白色，也要添加一些清新的红色素、绿色素点缀，忍不住上前点上两三种……那份软糯的甜，常常引诱的人等不到回家，就在路上边走边吃。

米糕

大概自从稻米成了老百姓餐桌上的主食，米糕也就存在了。

早在汉朝，当时的人们对米糕就有"稻饼""饵""糍"等多种称呼；而随着石磨技术的发展，米糕本身也经历了一个从"米粒糕"到"米粉糕"的发展过程。

如今我们吃到的米糕，沿用的制作方法跟古代并没有本质上的区别。其自古至今的制作方法不外乎是将糯米粉过筛后，加水、蜂蜜和成硬一点的面团微微发酵，将枣、栗子、葡萄干等贴在粉团上面，再用箬叶铺在蒸笼上，蒸熟切块，即可食用。

桂花米糕

桂花米糕，是糕团里出现率最高的一种糕点，在古代，对中国学子有特殊意义。

在科举时代，大家习惯将考试及第者称为蟾宫折桂。因此，每一年的应考时节，基本上每个应试者都会收到家人或朋友用桂花、米粉蒸成的桂花米糕，也有地方干脆称呼为"广寒糕"，取折桂高中之意。

糯米粉、细砂糖和蜜桂花，是制作桂花米糕的三大主原料。其做法也比较简单，将鲜桂花收集起来，挤去苦水，用糖蜜浸渍，并与蒸熟的、糯米粉、细砂糖、熟油搅拌压制成糕，装盒即可食用。

桂花米糕

桂花条头糕

云片糕

桂花条头糕

桂花条头糕是江南特色，每年八月桂花飘香秋色渐染时节，基本上各家各地都会存点干桂花，接下来一整年，家里的桂花糕、小圆子都有一种淡淡的桂花香。

评判条头糕的好坏，不外乎看几点：内里的豆沙馅是否细腻而绵密，糯米面是否软糯有弹劲，桂花是否香蜜可口等，这都是现做糕点独有的口感，这也是大概为啥工业流水线生产出大量价格便宜糕团的今天，我们在城市的街头巷尾还能看到现做现卖、价格不便宜的糕团的原因。

云片糕

云片糕又名雪片糕，是江苏地区盛产的一种传统糕点，其特点是质地滋润细软，色白犹如凝脂，能抗干燥久藏不硬。

云片糕的制作工艺讲究，原料也很多，主要有糯米、白糖、猪油、榄仁、芝麻、香料等十来种。

在制作时糯米要求炒时一要熟透、二要保白；磨粉得连续过筛，只保留绵细如面的部分，粗粒要去除；辅料白糖也要求粒小、质松、速溶；待到各种原料加工完成，混合到一起掺和拌匀，压缩成糕块，最后再切成薄如纸张的一片片糕片，还要像书一样侧边保持粘连。因此拿起一块云片糕，犹如开启一本小十六开的古籍；撕下一片入口，犹如雪花融化。

关于云片糕的名字，还有一段乾隆皇帝下江南的传说。据说乾隆到达江苏徐州一盐商家，在其后花园正遇大雪纷飞，盐商奉上了后厨精心准备如雪片一样的糕点，深得圣心，于是请求赐名。乾隆触景生情，赐名雪片糕，熟料下笔时将"雪"误写成"雲"，从此"云片糕"也就将错就错了。

条头糕

材料

馅：红豆沙适量。

皮：糯米粉 225 克，黏米粉 100 克，澄粉 13 克，绵白糖 60 克。

制作过程

1/ 将糯米粉、黏米粉、澄粉、绵白糖、325 克水一起倒入容器中搅拌均匀呈面浆状。

2/ 放入烧开水的蒸锅中蒸 25 分钟。

3/ 蒸熟后趁热用擀面杖按顺时针方向用力搅拌至面团上劲、光洁发亮。

4/ 将上劲的面团拿出平铺在平盘中，注意厚薄要均匀。

5/ 待冷却后按所需规格卷入豆沙，切长条段即可。

定胜糕

定胜糕

定胜糕作为一种常见的特色糕点，色泽淡红，松软清香，还混合着红枣的香甜味道，因其造型通常如元宝状，名字有彩头，在江南有些地方至今民间迎亲乔迁，还保留着送定胜糕的习俗。

传闻定胜糕的名字最初叫"定升糕"，是因为在唐朝有地方官府规定，市面上的糕点要计量，一升箩米做十个，约合一两一个，因而唤作"定升糕"。也因这个名字好听，百姓官员都十分喜爱，使得糕点也越发受到欢迎。

据说到了南宋时，打仗的事儿越来越多，岳飞率领的岳家军为保护国土多次领军出征，老百姓就把糕上的印改为"定胜"二字，送给兵士作为干粮，从此定胜糕流传下来。

绿豆糕

薄荷糕

薄荷糕是夏季消暑最好的糕点。外观洁白，上面还有星星点点的绿色点缀，是在糯米粉里拌着些许的薄荷粉，吃起来甜甜的、凉凉的，清新又清凉。

绿豆糕

相比薄荷糕，绿豆糕是更为传统常见的夏季消暑特色糕点。其特色是色泽嫩绿浅黄，有清热解毒的功效，口味清香绵软不粘牙，全国各地都有，并且南有南的特色，北有北的功效，非常受老百姓待见。说起来，口感软绵嫩滑的绿豆糕也是宫廷糕点之一，真是既入得了庙堂，又下得了寻常百姓家的厨房。

材料

糯米粉 500 克，绵白糖 175 克，蒸熟绿豆适量。

制作过程

1/ 糯米粉、绵白糖、少许清油、熟绿豆倒入容器中。

2/ 加入 300 克清水搅拌至无颗粒面糊状，倒入方盘中。

3/ 放入烧开水的锅中蒸 40 分钟，蒸时需拉一层保鲜膜（注意不要包实，两边露两条边即可），保证蒸熟后的糕表面平整。

4/ 蒸熟后拿出，待冷却后切出造型装盘即可。

黑芝麻夹心糕

黑芝麻夹心糕，是一种传统糕点，芝麻花生的香与糯米糕的甜润，混合在一起有一种特别的香甜感。

其做法是将糯米粉、牛奶、白糖、色拉油混合，揉成面团，将炒熟的花生米放入料理机磨细混入面团，制作成夹心糕，蒸熟后趁热裹上黑芝麻，装盘即可。

砂仁条

砂仁条，又称灯芯糕，糯米制品，是传统川式糕点，在四川地区广为流传。其特色是一条条的，两端红色，又糯又甜，带点质感的粗硬，而其谐音"杀人"在乐观的川式口音中也别有一番趣味。

其制作方法是先把炒好的糯米打成粉，让其自然回潮成为"回粉"，再混入糖、油等作料熬制后搅拌翻炒，然后放入长条形的模具中，擀匀、压平，入锅蒸。起锅待冷却后，在两端涂上食物红色素，再切条即可。

糯米如意卷

糯米如意卷，跟桂花条头糕材料类似，用软而有弹性的糯米粉做外衣，卷入细腻甜香的豆沙馅料，借助纱布卷出一个"如意"造型，再撒上细碎的花生碎，最后横断切开，入盘即可。

黑芝麻夹心糕

砂仁条

积木如意卷

椰丝麻薯

椰丝麻薯作为一种香糯的传统糕点，其好吃的关键不外乎内里的红豆泥是否绵密香甜，外面的糯米面是否软糯有弹劲，包裹的玉米椰丝是否新鲜可口。

古法绿豆糕

古法绿豆糕，吃的是那份手作的质感与淡淡的豆香，回忆的是小时候无忧无虑的童年。

南瓜糕

南瓜糕是一款将南瓜作为主要材料混合米粉制成的糕点，糯米的弹软，加上南瓜自然的香甜，使得南瓜糕，色彩金黄、口感细腻、营养丰富，是一款老少皆宜的传统点心。

金团

金团是浙江东部一带的传统糯米糕点。比较讲究的金团会在表面印上龙凤图案，是宁波十大名点之一。

其特色是形圆似月，色黄似金，呈现团圆吉祥的喜庆寓意，成为妇孺老少的心头爱。

关于金团在当地民间有个传说，说是北宋末年康王赵构被金兵渡江追杀，逃到浙东民间，饥饿难耐，巧遇一村姑骗开金兵，救下了康王，并给了他一个带着红豆馅的糯米团子。

康王即位后，为了报答村姑救命之恩，于是特封浙东女子出嫁时可乘坐龙凤花轿，而当时救命的糯米团子也被封为"龙凤金团"。

古法绿豆糕

金団

枣泥拉糕

苏式糕点，人间天堂的匠人手作

地处江南福地的苏州自古以来名满天下。这里风光旖旎、人杰地灵，直到今天仍以厚重的物质的、非物质的文化遗产得天独厚。

苏式糕点，作为江南世俗生活美学之一，在中国的糕点流派中，因其强大的区域强势经济文化优势，以及苏式匠人的心灵手巧，在中国传统糕点发展史上占有重要地位。

苏式糕点作为一个糕点风格流派，大约是在隋唐时期就已形成，其特点是，口味浓甜、用料精选，米、麦兼用，饼糕并重，糕胜一筹；此外江南人的心灵手巧表现在糕点上则是细节与创新繁多，不厌其烦。

到了明清时期，苏式糕点就有炉货、油面、油余、水镬、片糕、糖货、印板等七个大类，品种过百，如枣泥麻饼、油酥饺、粉糕、马蹄糕、云片糕、定胜糕、乌米糕、三层玉带糕等已成经典。

苏式糕点最大的特点是，讲究用料天然、追求时令新鲜、制作精雕细琢。特别是在馅料及配方选择上，常用果仁、果肉、果皮、花料等辅料入食谱，天然色香别具一格。以大方糕为例，其常有四种馅料口味，分别是呈本色的百果；红色的含玫瑰花香和松仁清香；薄荷馅呈绿色，有明显的清香味；还有呈棕黑色的赤豆香味。

苏式糕点还有一大特色是应着时令供应，季节特色鲜明。旧时每逢农历四时八节，苏式糕点均有对应的时令品种，素有春饼、夏糕、秋酥、冬糖的产销规律之称，其中春饼有酒酿饼、雪饼等；夏糕有薄荷糕、绿豆糕、小方糕等；秋酥有如意酥、菊花酥、酥皮月饼等；冬糖有芝麻酥糖、米花糖等。

在旧时，追求极致的姑苏糕点匠人，对糕点有着严格的上市、落令规定：春天的酒酿饼，正月初五上市，三月十二落令（均为农历，下同）；雪饼，正月十五上市，三月二十后落令；大方糕，清明上市，端午落令。夏天的薄荷糕，三月十五上市，六月底落令；绿豆糕，三月初上市，七月底落令。秋季的月饼，四月初应市，九月初十落令；花色月饼，七月初一上市，八月二十落令；如意酥、菊花酥，四月初应市，八月二十后落令。冬季的芝麻酥糖，九月初上市，第二年三月初十落令；糖年糕，冬至后上市，十二月三十（除夕）落令。过时即停止生产供应，来年再产再售。

枣泥拉糕

枣泥拉糕是旧时冬春两季供应的苏式糕点。糯米粉混合枣泥，做成后盛放在碗里，食用时，用筷子轻轻挑起、拉开一块，因而得名"拉糕"。

拉糕现在当然不会是现吃现"拉"了，通常是用刀整整齐齐切好，但那种独特的风味犹在。

双色米糕

双色米糕顾名思义就是用两种不同颜色的原料制作而成。

其做法是将糯米粉、大米粉按照 2：1 的比例加入辅助调料做成米浆，然后将小米和黑米分别制作成米浆泥，与制作好的米浆分别混合，形成双层米糊，上锅蒸熟即可。

桂花拉糕

材料

糯米粉 500 克，绵白糖 350 克，吉士粉 25 克，黄油 150 克，白酒 25 克，糖桂花、干桂花各适量。

制作过程

1/ 糯米粉、绵白糖、吉士粉、黄油、白酒、糖桂花倒入容器中。

2/ 加入 450 克清水搅拌至无颗粒呈面糊状，倒入方盘中。

3/ 放入烧开水的锅中蒸 40 分钟，蒸时需拉一层保鲜膜（注意不要包实，两边露两条边即可），保证蒸熟后的糕表面平整。

4/ 蒸熟后拿出，待冷却后切造型装盘，撒一些干桂花即可。

桂花拉糕

双色米糕

方糕

方糕

方糕有口感松糯，色泽洁白，体积膨大，不易回生的特色。

将粳米，用凉水浸泡数小时，使部分米淀粉水解，从而使制品既松软，又柔糯，图案清晰，造型美观。

材料

糯米粉50克，黏米粉130克，绵白糖40克，豆沙少许。

制作过程

1/ 将糯米粉、黏米粉、绵白糖充分混合，加入100克水后拌匀，用手搓碎。

2/ 用筛子过一遍。

3/ 用方糕模具先筛入一半的粉，每格里放入一点豆沙馅再筛入另一半的粉用刮刀刮平。

4/ 蒸30分钟取出即可。

千层油糕

红枣蜂糕

蜂糕因其掰开后，内中有较多蜂窝状的小孔而得名，红枣蜂糕顾名思义，就是加入了红枣的蜂糕。

蜂糕的精髓在于蒸熟之后的小孔，太小了，没有蜂巢感，太大了又软塌塌的，因此制作蜂巢具有技术门槛。日常制作时，很多人喜欢用酒辅助发酵，制作时加入红枣、葡萄干等，这也让蜂糕具备了丰富的甜蜜内涵。

材料

低筋面粉 500 克，高筋面粉 150 克，黏米粉 100 克，白糖 300 克，酵母粉 10 克，泡打粉 15 克，红枣适量。

制作过程

1/ 红枣洗净，泡水去核待用。

2/ 低筋面粉、高筋面粉、黏米粉、白糖、酵母粉、泡打粉混合后倒入 420 克水打成面团。

3/ 面团放入容器中压平，上面均匀地放上红枣做装饰。

4/ 常温醒发 40 分钟左右上笼大火蒸 25 分钟即可。

千层油糕

千层油糕是江苏著名传统糕点。相传是由福建人创于清朝光绪年间，至今已有百年历史，其特色是一层又一层，糖油相间、层次清晰，表面和内里嵌入青红丝，也使得绵软甜嫩的糕看起米分外醒目。

糖年糕

　　糖年糕，是苏州特色糕点，在苏式糕点中颇具知名度。其特色是甜糯有韧性，带有一股浓浓的桂花甜香。

　　糖年糕的做法也不难，将糯米粉、粳米粉加水调成较稠的糊状，倒入模具中，上锅蒸约 15 分钟，撒上干桂花，完全冷却后，取出切块就行了。也有人喜欢再用油煎一下，又是一种味道。

糖年糕

AUTUMN
/ 秋

从立秋之日开始，

收获的季节来了，

历经处暑、白露、秋分、寒露、霜降，

构成完整而传奇的秋日时光。

秋之丰硕，

源于春的殷勤播种与夏的肆意而绚烂的生长。

厚土馈物

人为万物之灵的特别在于，感恩造物主给予我们人的那颗与众不同的心——一颗会感恩的心。

　　秋是收获的季节，也是感恩的时节。正如很多餐前祈祷说的那样：感恩食物给我营养，感恩食物给我力量，感恩食物给我饱满，感恩食物给我喜悦，感恩食物给我滋养，感恩天地滋生万物……

　　在秋季我们既要享受美好，也需知恩图报。

中秋——天涯此时，月桂婵娟

名称	中秋节	习俗	阖家团员赏月、拜月
时间	农历八月十五	糕点	月饼
别称	团圆节、祭月节	英文	Mild-Autumn Festival
起源	天象崇拜、秋夕祭月等		

中秋，起源于上古时代，成为节日大约在汉朝，定型于唐朝初年，盛行于宋朝。在此后的上千年时间里，赏月、吃月饼、玩花灯、赏桂花、饮桂花酒……成了中国人中秋节约定俗成的过节习俗，也成就了我们今天最浪漫最有情感牵挂的传统节日。

现存文字记载"中秋"一词最早见于《周礼》（世传为周公旦所著，实际据考证成书于两汉之间），其中记载先秦时期已有"中秋夜迎寒""中秋献良裘""秋分夕月"等活动。

中秋节成为官方认定的全国性节日，大约是在唐朝，《唐书·太宗记》记载"八月十五中秋节"。

中国人祭月、拜月之风在唐朝文人雅士中极盛，嫦娥奔月、吴刚伐桂、玉兔捣药等浪漫的神话遐想也在那时得到了广泛普及，唐诗中也留下了大量咏月佳句。

宋朝孟元老在《东京梦华录》记载："中秋夜，贵家结饰台榭，民间争占酒楼玩月"，可见中秋夜赏月吃月饼在当时已成习俗。

明清时，中秋岁时节日中的世俗风情愈益浓厚，平常百姓的祭月习俗得到了极大的普及。《帝京景物略》[15]中也说："八月十五祭月，其饼必圆，分瓜必牙错，瓣刻如莲花……其有妇归宁者，是日必返夫家，曰团圆节也。"

直到今天，每逢中秋，海上生明月，天涯共此时——所有中国人在中秋佳节都会在心中涌起花好月圆、团聚亲人的美好心愿，而那些远在异国他乡的人，更是通过一块块小小的月饼寄托着"每逢佳节倍思亲"的情感。

15.《帝京景物略》是明朝末年居京文人刘侗、于奕正合著的，崇祯八年（1635年）刊行，详细记载了北京的名胜景观、风俗民情。

月饼

月饼最初就是用来拜祭月神的供品。在时间的河流中，随着中秋赏月渐世俗化，月饼也成了中国人中秋节的代名词。

"月饼"一词在南宋吴自牧的《梦粱录》中已有出现。作为特定的节日糕点，月饼自古造型模拟满月为圆，合家分吃，又象征着团圆和睦。

问题来了，古人吃的月饼到底什么样子，跟我们今天的一样吗? 从大文豪苏东坡的诗"小饼如嚼月，中有酥与饴"，可以推测宋时的月饼已使用酥油和糖作为馅了。

明朝，中秋节吃月饼的习俗已极为普及。沈榜《宛署杂记》有记载："士庶家俱以是月造面饼相遗，大小不等，呼为月饼。"《酌中志》也说："八月，宫中赏秋海棠、玉簪花。自初一日起，即有卖月饼者，至十五日，家家供奉月饼、瓜果。如有剩月饼，乃整收于干燥风凉之处，至岁暮分用之，曰团圆饼也。"

因为"团圆"美意，我们今天对中秋吃月饼、赠月饼的习俗更加不遗余力。月饼的原料、调制方法、保存方式等也早已与它最初的祭月贡品的起源，不可同日而语。

在我们今天的生活中，中秋吃月饼仍然是每年一个重要的仪式；而月饼品类更加花样繁多、精彩纷呈。如今的月饼主要是中国本土传统月饼和西方糕点习俗结合产生的新式月饼两大类别。

专题

中国人的特色中秋习俗

广东：在广粤一带有"男不圆月，女不祭灶"的习俗，因此中秋拜月主要是女人和儿童。

江苏：在南京中秋除吃月饼外，家家户户还会吃桂花鸭。

上海：每个家庭的中秋宴上怎可少得了大闸蟹和桂花酒？

四川：除了月饼，打糍粑、杀鸭子、麻饼、蜜饼也是四川人最爱耍的中秋标配。

山西：在潞安这个地方，中秋节需宴请女婿；大同则把月饼称为团圆饼，并且将中秋赏月拉长成了"守夜"。

陕西：不论贫富，中秋时都要食西瓜。

此外还有很多中秋特色活动，例如香港舞火龙、安徽堆宝塔、广州树中秋、晋江烧塔仔、苏州石湖看串月、傣族的拜月、苗族的跳月、侗族的偷月亮菜、高山族的托球舞等。

五仁月饼

传统月饼

中国本土数百年来流传的传统月饼，按产地、销量和特色来分主要有京式、苏式、广式、潮式、滇式、徽式等十多种类别。这些派别之间的区别类似于菜系，因地制宜于本地人的口味与饮食习惯，久而久之就具有了地域喜好，今天我们谓之特色。

其中最具知名度的就是五仁京式月饼、鲜肉苏式月饼、莲蓉广式月饼、玫瑰滇式月饼等。

五仁月饼

端庄的五仁月饼是中国传统月饼糕点中的经典，它在中式月饼中知名度最高，很多人对它既有最深的记忆，也有着最复杂的情感。

五仁月饼顾名思义，馅心是多种配料讲究的果仁（各地有所不同），成品特色是形状端正，表皮印花、带有花边，皮薄馅多、不易破碎。吃起来，口感偏软带酥，口味偏甜。它在很多人的心目中，四平八稳，没有特色但又是每年的月饼礼盒中必不可少的那一款。

材料

馅: 瓜子仁、杏仁、橄榄仁、松仁各 250 克，核桃仁、糖冬瓜、青梅、熟糯米粉、冰肉、板油各 500 克，猪油 250 克，白糖 800 克，白芝麻少许。

油酥皮: 低筋面粉 1000 克，猪油 500 克。

油面皮: 中筋面粉 1300 克，猪油 300 克，麦芽糖 150 克。

制作过程

1/ 将所有馅材料倒入容器中搅拌均匀制成馅心。

2/ 低筋面粉中加入猪油揉搓均匀制成油酥皮。

3/ 中筋面粉中加入猪油拌匀，麦芽糖用水化开后和 800 克凉水一起倒入盆中，揉成面团，摔打面团至上劲、光洁。

4/ 面团醒一下后，将油酥包入油面中开酥，一次开三再擀开。

5/ 搓条下剂，剂子擀开包入馅心收口，用手略微压一下呈扁圆形，放入模具中制成月饼坯。

6/ 月饼坯放入烤箱中，上下炉温为 230℃ 烤 14 分钟取出即可。

鲜肉月饼

鲜肉月饼

作为江南派苏式月饼的一种，鲜肉月饼这些年在全国的知名度很高，又因为鲜肉月饼特别讲究吃那一口热锅气，刚出炉的新鲜鲜肉月饼，馅心是一大团鲜肉，丰腴的肉汁渗入在内层饼皮上异常香润可口，而外面几层轻薄的表皮依然脆而粉，又带着几分韧，一口吃下去，口齿留香，很让人赞不绝口，也让人欲罢不能。

莲蓉月饼

莲蓉月饼是经典的广式月饼品类，其特点是皮酥松、馅柔软。广东人对月饼馅用料十分讲究，按照当地对馅料的详细划分，莲蓉月饼还有纯正莲蓉月饼、榄仁莲蓉月饼和蛋黄、双黄、三黄、四黄莲蓉月饼等品类。

鲜花月饼——玫瑰饼

鲜花月饼的特色在于将鲜花入馅，入口香甜、沁人心脾。最著名的鲜花月饼莫过于云南鲜花饼。

其做法是将可食用的鲜玫瑰花，摘瓣、去蒂、洗净后腌制，搅拌蜜糖混成馅，使用发酵后的酥油面团做皮，包成圆形烤制而成。其特色是入口芳香、甜而不腻，兼具活血理气、平肝解毒的养生功效，因而广为流传。

据说鲜花月饼作为贡品到了清宫，深得乾隆皇帝喜爱，并获其钦点用于祭祀，因此它也就成了一道知名度极高的宫廷御点。

晚清人富察敦崇留下的《燕京岁时记》[16]记载："四月以玫瑰花为之者，谓之玫瑰饼。以藤萝花为之者，谓之藤萝饼。皆应时之食物也。"可见在那时，人们吃时令的鲜花饼已成习俗雅趣。

非传统月饼

近年来商家不断推陈出新的洋派月饼越来越多，此类非传统月饼明显的特征是结合西式糕点的做法，符合现代人的饮食习惯，讲究低油、低糖，注重食材与工艺的创新，例如绿茶月饼、冰皮月饼等。有些甚至因过于追求新颖别致，颠覆了中国人对月饼的传统认知——例如冰激凌月饼等。

16.《燕京岁时记》作者富察敦崇（生卒年不详），是一部记叙清代北京岁时风俗的杂记，按一年四季节令顺序，杂记清代北京风俗、游览、物产、技艺等，一共有一百四十六条，初刊于光绪三十二年（1906年）。

鲜花月饼

广式糕点——食不厌精，一盅两件

广式糕点以早茶为代表，也俗称"一盅两件"，以其用料精博，品种繁多，款式新颖，口味多样，制作精细，咸甜兼备，极具地方节令等特色，成为中华饮食文化的重要组成部分。

从起源上讲，它以岭南小吃为基础，广泛吸取北方各地、包括六大古都的宫廷面点和西式糕饼技艺发展而成。

从地理位置上看，广东位于南方，主要作物是米，因此广式糕点以米类制品为主。

又因广东沿海是近代中国最早的通商口岸，大量的西式面包和糕点传入，而中西交流的繁盛又让北方的各种面食糕点也在此汇聚，海纳百川兼容并蓄也造就了今天的广式糕点。

至今，广式糕点以其色香味俱佳，为全国糕点之冠，品种超越 1000 款，款款都具特色。

从制作技法上看，广式糕点，皮有四大类二十三种；馅有三大类四十六种；点心师们凭着高超的技艺，给这些不同的皮、馅千变万化的组合和造型，制成了各种各样的花式美点。在各类糕点中，代表名品有：水晶虾饺、干蒸蟹黄烧卖、叉烧包、酥皮莲蓉包、刺猬包、马蹄糕、萝卜糕、黄金糕、薄罉、千层酥、粉果、老婆饼等。

也因为各款糕点都讲究色泽和谐，造型各异，令人百食不厌，这也满足了各方人士的需要，让广式糕点得以鲜活存在于人们当下的日常及商务活动中。最为典型的是广式早茶，原本是潮汕当地人的早食消遣，如今在全国都有广式早茶的踪影，并且早已不是一顿早餐那么简单。而是在精美糕点和特色糖水的陪衬下的一种用餐、商务和各种情感连接的高效社交方式，比正式的晚宴要放松，又比紧张的午宴宽松。

叉烧包

叉烧包

叉烧包也是经典粤式糕点之一，与虾饺、干蒸烧卖、蛋挞一起被称为粤式早茶的"四大天王"。

其特色是面皮为北方常用的发酵面团改进而成，馅料用的是叉烧肉，制作时则按照棉花包的做法，这样蒸熟后，顶部自然裂开花，看起来犹如云团。

水晶虾饺

水晶虾饺是经典粤式糕点之一。主要制作原料是新鲜大虾、五花肉、笋、香菇、澄粉、淀粉，辅料有油、盐、料酒、姜等。其特色是坯皮白皙、薄韧半透明，大大的整块虾肉隐约可见，看起来鲜美，吃起来爽滑。

老婆饼

"老婆饼里没老婆"已经成为广为人知的梗，可见老婆饼有多家喻户晓。

相传老婆饼诞生于明朝开国皇帝朱元璋起义期间。当时朱元璋带领将士到处作战经常粮食不够，为了方便携带干粮，其妻马氏想出了将各种可以吃的东西混合在一起，磨成粉、做成饼的法子，方便携带随时可食用，极大地方便了行军，也成就了"老婆饼"的美名。

这种以冬瓜、小麦粉、芝麻、糖等食材原料混合磨成粉制作而成的广东潮式糕点，外皮金黄色，内里一层层油酥薄如纸片，酥松可口，如今已成为广东地区最具知名度的酥类糕点。

黄金糕

犹记很多年前，第一次吃到黄金糕，金黄色、蜂窝状、软而不塌，蜂蜜混合着椰香，甜而不腻，惊叹一个看似简单没有复杂添加的糕点能这么好吃。

细究来源，黄金糕其实是南洋娘惹糕的一种，当地叫"蜂窝糕"，流传到广东后才有了"黄金糕"这么有彩头的别名。也因为黄金糕切片后，呈鱼翅丝状，所以有些人也称之为"鱼翅糕"。

了解了才知道，黄金糕并非完全是因为色泽金黄，更主要的是制作它的工艺和发酵以及烘烤技术要求很高；加上当年刚进入国内时，制作秘方只掌握某归国娘惹手里，因此更显得黄金糕极为金贵，售价很高，"寸糕寸金"，唤作黄金糕也算名副其实。如今随着配方和做法公开，黄金糕也开始走入寻常百姓家了。

做法

将椰浆用小火煮热，加入黄油，搅拌至化开，待到椰浆冷却，加入木薯粉，一点一点搅拌均匀。

再将鸡蛋和白糖用搅蛋器打发至奶白色备用。

酵母倒入水中搅匀，与蛋液和搅拌均匀的椰浆混合，用搅拌器继续搅打发酵，每 20 分钟一次，反复五六次，让气泡充分进入面浆，随后倒入涂了油的模具，蒸熟即可。

黄金糕

马蹄糕

马蹄糕相传源于唐朝，以糖水拌和荸荠粉或者地瓜粉蒸制而成。其得名正是由于荸荠在很多地方又名"马蹄"。

马蹄糕呈半透明状，色泽如茶，软滑爽口，香甜即化，也因此位列粤式糕点头牌行列。

材料

新鲜马蹄 1500 千克，马蹄粉 750 克，吉士粉、澄粉各 200 克，淀粉 100 克，绵白糖 1000 克。

制作过程

1/ 新鲜马蹄去皮，洗净切碎。

2/ 将马蹄粉、澄粉、淀粉、吉士粉混合后加入 1750 克水充分搅拌至无颗粒状，过筛，制成生浆。

3/ 再取 1750 克水烧开放入绵白糖烧至完全化开，关火，迅速加入两勺生浆搅拌均匀，这是熟浆。

4/ 将熟浆倒回生浆中，边倒边搅至均匀后倒入马蹄碎拌匀。

5/ 倒入容器中包上保鲜膜，保鲜膜上扎几个孔，放入蒸箱中蒸 40 分钟即可。

粉粿

粉粿是潮汕特有的地方糕点，在其他地方并不常见。近年来随着潮汕美食的全国风行，潮汕餐厅在全国遍地开花，粉粿也逐渐被人们熟悉。

粉粿蒸熟后的澄面皮（北方也称呼为水晶皮），晶莹透明，里面包裹的红红绿绿各色馅料，清晰可见，让人很有食欲。

马蹄糕

粉粿

幸福似"糖水"温润，荡漾心田

作为辅佐食系，以经营糖水为主的甜品店近年来在全国各地的街头巷尾备受推崇，既有来源于两广的糖水，也有其他各地流传下来的传统甜品，品种之多，花样之丰富，对任何人的味蕾都是一种幸福的诱惑。

相信，再不爱甜食的人，也总有一款糖水能击中你的心。因为糖水甜蜜而滋润，既可以阳春白雪进入顶级餐厅的高雅之堂，更可以出现在街头巷尾寻常百姓之家，随时温润人心……轻轻食上一勺，口齿间的甜香宛如春日和风拂过，又如夏季细雨甜润，稍纵即逝的甜美如秋天晨露，确有冬日暖阳般甜美的记忆……这是我最容易联想起的幸福模样。

糖水，即甜羹类食品。广东大部分地区、广西、香港、澳门人叫它"糖水"，而广东潮州地区则呼之为甜汤，其他地方则统称之为甜品。

提起糖水大家的第一印象都是两广特色食品，形式介于糕点和汤之间的饮食，跟糕点有很多相似之处，例如介乎主食与零食之间，可以怡情也可以充饥；花样多、食法讲究，是解决温饱之后的餐桌上的锦上添花。

世界糖水在中国，中国糖水在两广。追踪溯源，两广糖水发展的历史其实并不长。较早可以追溯到民国时期，糖水那会在广州兴起。当时大街小巷的糖水店售卖的大多是绿豆沙、芝麻糊、杏仁茶、番薯糖水等用家常食材制作的传统糖水。

在随后的几十年时间里，随着生活水平的不断提升，广州街头的糖水店兴旺至极，花样品种极为丰富，在这个过程中奶制品类渐成主流，如双皮奶、炖奶、姜撞奶等很受食客追捧。

到了今天，糖水在旧式品类的基础上，融入了新材料、新技术，又有了更多的创新与突破，除了传统的豆类、坚果类、奶类、中药类食材外，因水果、花卉等灵活植入，诞生了诸如银杏芋泥、冰糖雪蛤炖木瓜、杨枝甘露、奇异果西米露等中西合璧品类，看起来五光十色，吃起来滋味诱人，"小确幸"了无数人。

从特色来看，两广的糖水，一般以汁为主，如绿豆、红豆粥、鸡蛋莲子、芝麻糊、核桃糊等，其中广东糖水讲究清润、清热，广西糖水更为质朴天然，但同样都讲究养生疗效，而其中潮州的甜汤相对广式甜品而言，味道更浓，甜度更重。

在两广之外，人们说的甜品则大多是指五果汤、八宝饭、杏仁茶、豆腐冻之类的较浓稠几乎呈固体的食物。

杏仁豆腐

杏仁豆腐

杏仁豆腐并非豆腐，冰凉爽滑的口感使其成为一道消暑佳品。其做法是将甜杏仁磨浆后加水煮沸，等到自然冷却凝结后结块，因形似豆腐而得名。

作为传统名点，杏仁豆腐位列满汉全席，而在民间也早已在全国各地具有较高的接受度与知名度了。

材料

果冻粉 50 克，白糖、牛奶各 100 克，杏仁霜 25 克，糖桂花、枸杞子各适量。

制作过程

1/　将果冻粉、白糖、杏仁霜混合，倒入 1500 克开水搅拌均匀。

2/　倒入牛奶提色后过筛。

3/　倒入干净的容器中，去除表面的泡沫。

4/　待冷却后放入冰箱冷藏。

5/　取出后切块，撒上糖桂花、枸杞子即可。

冰粉

冰粉是川渝地区广受欢迎的夏季消暑甜点，其特色是口感冰凉香甜，又具有生津解暑，清凉降火的功效，还美味价廉，随处可食。

许多人不晓得的是冰粉爽滑白嫩，并非技术手法所成，而是其制作原料"冰粉树"本身的特质。

冰粉树并非是树，而是一种学名叫作"假酸浆"的一年生直立草本植物。据说它原本产自南美洲的秘鲁，后来进入中国，在很多地方栽培，主要是用作药用或观赏。

制作冰粉主要是使用假酸浆种子，用水浸泡充足后，滤去种子，然后加入适量的凝固剂（类似于制作豆腐的石灰水），等待凝固后，晶莹剔透、口感凉滑的凉粉就做成了。

藕粉圆子

作为一种特色传统美食，藕粉圆子最初产生于盛产莲藕的江苏和湖北。

其做法是以糯米粉作为原料，加入黏滑的藕粉，做成外皮，馅心则根据各地的口味不同添加。

其特色在于圆子均匀圆滑，富有弹性，藕粉带来的色泽透明而呈深咖啡色，也使其区别于普通的糯米丸子。

木瓜银耳羹

作为一道滋养糖水，木瓜有健脾消食之功，银耳富有天然胶质并且具有滋阴功效，是妇孺老幼皆可常食的美味。

藕粉圓子

木瓜銀耳羹

红枣银耳莲子羹

作为传统甜羹，红枣银耳莲子羹的主要食材都含在名字中了。

作为一道养生常见甜羹，有不错的滋补功效，可以补脾养胃、养心安神。

双皮奶

双皮奶，顾名思义，乃有双层皮的凝固的奶羹也。

传统的双皮奶用水牛奶做原料，加蛋清和糖混合炖制而成。其特色在于上层奶皮甘香，下层奶皮香滑润口，香气浓郁，入口嫩滑，食用时可在上面铺上一层红豆、水果、坚果等点缀，余味悠长。

茉莉奶冻

茉莉奶冻是将牛奶混合奶油加热制作而成，混入茉莉花茶的清香，具有清甜的口感。

红枣银耳莲子羹

双皮奶

茉莉奶冻

酥油茶

　　提起酥油茶，自然想起的就是西藏。作为中国藏人的特色饮料，酥油、浓茶与盐的相遇，让这款饮品，具有了御寒又提神醒脑的非一般功效。

　　酥油茶是藏族人民每日必备的饮品，是高原生活的必需品。

酥油茶

芋泥羹

芋头煮熟，剥去芋皮，碾成芋泥，即有了芋泥羹，加入红豆、水果等则更具色泽和口感。

黑芝麻糊

因为一则广为人知的电视广告，在 20 世纪 90 年代到 21 世纪初这十多年时间里，在很多人的印象中，幸福的样子就是在寒冷的冬天，一个甜美的小孩端着一碗热乎乎的芝麻糊，大口喝完，嘴角留下的一抹芝麻糊，让电视外的人也口齿留香。

芝麻糊，主原料当然是黑芝麻，中医认为芝麻具有补血、润肠、通乳、养发等多重功效，因此，加入五谷杂粮制作而成的芝麻糊，也就成了一款延年益寿的滋补佳品了。

芋泥羹

黑芝麻糊

桂圓羹

桂圆羹

桂圆羹，因桂圆有益气补血、安神定志等功效，而成了一道常见的滋补甜品。尤其是在冬天，来一碗桂圆羹，还可养肾保暖。

芡实松露耳

芡实更多的时候被作为一种中药材使用，有益肾固精，补脾止泻，除湿止带之功效。加入松露、银耳、皂角米制作而成的芡实松露耳甜美又养生。

芡实松露耳

桂花莲子汤

桂花莲子汤

　　这是一道具有健脾理胃、止泻涩肠的滋补甜品，莲子原本味微涩，但加上桂花的浓香，中和了涩感，口感刚刚好。

八宝饭

　　八宝饭作为宁波传统糕点，近年来已广为流传。作为一款腊八节日糕点，其主要由糯米、豆沙、枣泥、果脯、莲心、果仁、桂圆、白糖、猪板油等 8 种以上原料蒸煮制成。

八宝饭

WINTER

/冬

到了立冬，天气已经寒凉。

这是蛰伏与休养的季节，

历经小雪、大雪、冬至、小寒、大寒，

冬天的人们在这寒冷的时光里，

一边休养一边守望春暖花开……

冬风凛冽中，自有一番革命乐观主义的浪漫：

不经一番寒彻骨，哪来梅花扑鼻香？

潜心休养，生生不息

人是铁饭是钢，一顿不吃饿得慌，说的是食物对我们如此重要，但是冬的存在，仿佛在提醒我们，生命还有另外一种轮回的状态，那就是冰封与冬眠。在冬的季节就要用最基础的吸收蓄势最长久的能量，既是修养，也是修行。

　　因此，冬之于食物的习性就是用最结实的根茎养蓄能量，为未来的生机勃勃而暂且休养。

冬至——冬天已经到了，春天还远吗

名称	冬至	习俗	祭祖、办宴
时间	公历 12 月 21 日或 22 日或 23 日	糕点	饺子
别称	冬节、亚岁	英文	Winter Solstice
起源	天相气候，太阳到达黄经 270°		

冬至，在民间很多地方又叫"小年"，既是二十四节气中一个重要的节气，又是中国民间的传统祭祖节日，兼具自然与人文两大内涵。

从自然气相而言，冬至是中国各地白昼时间最短、黑夜最长的一天，并且越往北白昼越短。古人很早就发现了这一规律，并认为冬至为一年中阳气最弱的一天。

"夏至三庚入伏，冬至逢壬数九"。在民间，每到冬至便开始"数九"计算寒天，每九天算"一九"，依次类推，到了"三九"就是一年中最冷的时段，当数到"九九"（九九八十一天），已是春深日暖时，该春耕了。

中国民谚"冬至大如年"，说的是自古民间就将四时八节[17]之一的冬至，视为冬季需要隆重庆贺的大节日。

《汉书》中说："冬至阳气起，君道长，故贺。"描述了在汉朝到了冬至这一天，官府要举行祝贺仪式，官方例行放假，大家相互"拜冬"的现象。也因为到了冬至这一天阳气利空出尽，掉头回升，古人因此认为冬至是大节，加之冬至一到，天气渐冷，新年将近，官民进入休养生息状态，外出的游子也赶着在这一天归家，更加重了冬至大如年的氛围。

《后汉书》中"冬至前后，君子安身静体，百官绝事，不听政，择吉辰而后省事"，说的就是当时这一现象。

跟很多传统节日一样，冬至也在唐时盛行于全国。

在宋朝，民间将祭祀祖先和神灵也纳入到冬至这一天；到了明、清两代，官方尤为重视冬至，皇帝每年在这一天举行祭天大典，因此民间也就有了冬至祭祖、宴饮等习俗，至今这些习俗还在我们的日常生活中保留着。

在饮食上，吃饺子是冬至最广为人知的习俗，特别是在北方，一盘五彩饺子是冬至的基础配置。

饺子之外，经过千年发展，中国民间在冬至，全国各地又发展出了更多特色糕点美食，例如，江南水乡糯米饭、浙江东南麻糍、台州擂圆、宁波番薯汤果、合肥南瓜饼等。

---

17. 四时：指春夏秋冬四季；八节：指立春、春分、立夏、夏至、立秋、秋分、立冬、冬至。

过大年——说最吉利的话、吃最丰盛的饭、喝最热闹的酒

名称	过年	习俗	岁首拜神祭祀、守岁祈年、家族团聚
时间	农历大年三十到正月初一	糕点	饺子、年糕等
别称	春节、大年、新年	英文	Spring Festival
起源	上古岁首祈年祭祀		

过年，过大年，如今也叫春节，那种浓烈共通的情感与翘首期盼，几乎是每个中国人自上古开始，就一代又一代人、一年又一年轮回不变的集体意识。在千百年的时间流淌中，人类社会逐渐繁盛，过年承载的祗敬感德、礼乐文明等文化内涵越发深邃，直到今天，我们每一个中华儿女依然沉浸于中、从未远离……

同所有传统节日一样，年也是由上古时代岁首祈年祭祀演变而来，是所有中华儿女的集体图腾，至今与我们的生活息息相关。每一年过年的庆贺跨度之长，习俗之多，仪式之隆重，扎扎实实承载了中国人最强烈的民族情感和家国寄望。

从起源来说，年岁的概念来自上古历法，"天皇始制干支之名，以定岁之所在"。岁以六十甲子（干支纪年法）为运转周期，循环往复。年则是以北斗星的斗柄指向正东偏北方位的农历正月为起始，然后顺时针方向旋转，往复一岁的周期。

对古人而言，在一年的斗转星移天地运行里，物候、气候规律变化，春生、夏长、秋收、冬藏，这亘古不变的四季轮换、寒暑交替，足以让人为之敬畏，因此他们逐渐将对天地、祖先的图腾与信仰，融入了过年的仪式。

有意思的是，在中国人的意识中，过年，既指农历岁末年初的一段时间，又指过年家家户户必须要做的"除旧布新、拜神祭祖、驱邪攘灾、纳福祈年、合家欢聚、吃喝玩聊"这一套完整而又讲究的系列活动。这主要源于在过去的农耕时代，过大年是上到天子下到百姓，在寒冬腊月唯一重要的事。

不同于西方宗教的礼拜日，既是侍奉神灵，也休养生息。中国古人一年到头忙碌不休从来没有假日概念，到了岁末年首这过年前后二三十天的时间，所有人都在忙着过年关，一方面休养生息，另一方面抓紧安排嫁娶……恨不得将一年到头谋划的所有事，都在年末有个收尾说法，而所有的来年新愿望也要在这个时候许下。

从程序上来说，一个完整的中国人过年程序是这样的。

腊月二十三、二十四——祭灶

祭灶通常又称小年，是过大年节奏的开始与伏笔。

中国古人在过年这件事上是从来不缺仪式感的，从祭灶的设置来说可见一斑（当然也有些地方把冬至叫作小年。

不管是哪个日子，反正小年意味着是忙年的开始，家家户户开始准备年货了）。

根据各地风俗，中华大地祭灶也不尽相同。在北方大部分地区称腊月二十三的祭灶节为小年，南方地区则通常是把腊月二十四当作祭灶、小年；而在江苏有些地方旧时民间有"官三民四"一说，刘姓人家过腊月二十三，其余人家则是二十四，由此可以推测小年祭灶的习俗大概在刘姓天下的汉朝就流行了。

在这个日子里，民间最重要的事是除尘与祭灶，拜托灶神爷"上天言好事，下界保平安"。

腊月二十五——接玉皇

旧俗认为灶神上天后，天帝玉皇于农历腊月二十五这一日亲自下界，查人间善恶，定来年祸福，所以家家在这一天祈福，民间称为"接玉皇"。

这一天起居、言语都要谨慎，争取好表现，以博取玉皇欢心，降福来年。

腊月二十六、二十七——洗福禄

传统民俗中，腊月二十六的大洗浴为"洗福禄"。

古时冬天老百姓洗澡不易，因此这两天各家各户大多要集中洗澡、除垢，既是健康卫生需要，也寓意除去一年的晦气，准备迎接新一年的好事好运。

大家都听说过的谚语"二十七洗疚疾，二十八洗邋遢"，就是在催促人们抓紧洗浴，别拖到了过年。

腊月三十——大年夜

大年夜，也即除夕、大年三十。这一天，是岁末除旧布新的日子，旧岁至此而除，另换新岁。

尽管由于农历历法的原因，除夕的日期可能是十二月三十，也可能是十二月廿九，但不论如何，民间都称呼这天为"大年三十"。

这一日，民间尤为重视，此前家家户户忙忙碌碌清扫庭舍大力除旧，就是为了这一天的隆重布新。

这一天里，每家每户都在履行张灯结彩，迎祖宗回家过年的程序，贴春联、门神、年画、窗花等，家家户户"贴年红"是必不可少的。

年夜饭，作为大年三十最重要的仪式，每家每户都会捧出最丰盛的菜肴。

整桌饭菜中最不可少的是饺、糕、鱼、酒，分别对应的是岁月交子、节节高升、年年有余、长长久久的美意。

吃饭前，要拜祭神灵与祖先，随后一早已聚齐的一大家子一定要围坐在一起，团团圆圆、热热闹闹地下筷子。

饭后的守岁习惯也是必须的仪式——除夕夜这一晚家里一定要灯火通明，所有的灯光都打开，照亮每个角落，吃过年夜饭的全家，一定要围坐在布满零食糕点的桌上，边看着联欢晚会，边闲话这一年的家长里短，伴随着窗外声声入耳的爆竹声，等着辞旧迎新，等着新岁到来……

宋朝王安石《元日》诗："爆竹声中一岁除，春风送暖入屠苏。千门万户曈曈日，总把新桃换旧符"说的就是在旧时，守岁到午夜交正时，家家户户壮年男丁是要放爆竹的。当此起彼伏的震天鞭炮声达到高潮时，新的一年也就开始了。

压岁钱则是所有孩子们在过大年这一天的头等大事。以前中国人还没像现在这么时兴"财商"教育，还没引入西方的"家庭打工赚钱"思路，对以前的孩子来说，过年的压岁钱，是所有的孩子一年到头最大的收入盼头。

这一天，父母长辈都要发事先准备好的压岁钱，希望用它压住邪祟，祈福平安；而在孩子们的眼中，压岁钱则是一年到头绝无仅有、光明正大要到的钱。

正月初一拜大年

拜年、拜年、再拜年，总之拜年则是除夕到初一这两天的循环旋律。

照例是除夕早上各家焚香致礼，敬天地、拜岁神、祭列祖，然后接下来依次给尊长拜年；随后到初一全天，要给所有同亲同族、亲朋好友们互致祝贺。

这两天的禁忌也非常之多。例如为了守财，大年初一是不能花钱也不能扔东西的，所以直到今天许多地方还保存着大年夜扫除干净，年初一不出扫帚，不倒垃圾的习俗。

初二回娘家

大年初二开年日。这天出嫁的女儿都要尽可能地携夫带子回娘家。因此，在民间这一日也被称为"迎婿日"。

对于那些没有女儿的人家，初二也是留给最亲近的亲人拜年来访的，其他亲戚朋友之间的相互拜年，通常是从初三开始。

初五迎财神

正月初五俗称破五，意思是说，原本要严格遵守的诸多过年禁忌，过了这一天大多可突破。

在很多地方这一天的饮食习惯依然是饺子，主要要做的事是送穷，迎财神，开市贸易。

迎财神的时候照例不可或缺的又是一桌丰盛的菜肴，而饺子在这一天依然是主角，在中国人的观念中"好吃不过饺子"，当然要请"财神"尝尝。

正月十五元宵节

初五之后到元宵节之前，民间习俗其实每天都有，在此不一一细说。对旧时百姓来说，"有钱天天节，没钱降降节"，因此很多习俗主要视经济富裕程度来遵照。

但是富也好穷也罢，到了元宵节这一天，又是从官方到民间家家户户都特别重视的日子。这一天照例是从半夜的爆竹声中开始，整天的主要活动是赏灯、游灯、押舟、烧炮、烧烟花、采青、闹元宵等。

待到吃过了这一天的汤圆，闹过了一晚上的元宵，持续了整月的过年氛围也就正式结束了。隔天开始，农人就要下田春耕，学子忙着归学，所有人各就各位回到了本来的岗位，新的一年开始了。

好吃不过饺子

饺子是中国传统食物，也是每个中国人再熟悉不过的家常食物，怎么形容我们吃饺子的心情呢？想来想去就是这句最朴实的话——开开心心吃饺子，团团圆圆过大年。

中国人关于饺子的民谚很多："好吃不过饺子""冬至饺子夏至面""大寒小寒，吃饺子过年""茶壶里煮饺子——有货倒不出"……可见自古饺子就在国人生活中扮演着重要角色，而冬至饺子、过年饺子、初五饺子，这么频繁的饺子习俗，约定俗成地存在于我们的重要日子里，我们早已司空见惯、习以为常。

相传饺子是由东汉时期名医张仲景首创。不过，作为医圣，张仲景发明饺子主要是药用，其做法是在面皮里包上一些祛寒的药膳食材（羊肉、胡椒等）用来治病，目的在于避免病人耳朵上生冻疮……

跟很多事情一样，在长久的岁月流转中，大家只记住了现象，而忘记了本源，冬至的饺子习惯也是如此。在中国北方，大人们依然会在冬至这一天告诉孩子们：冬至必须捏一捏（指包饺子），全家一起吃，要不耳朵会在接下来的数九寒冬冻掉了。至于为什么，已经很少有人知道了。

跟很多传统吃食一样，饺子习俗也是经历了数个朝代的变迁，才一步一步走向今天的约定俗成的。

从称谓上讲，在唐朝及之前，按照食用习惯和外形如新月，饺子通常被称作"馄饨"或"月牙馄饨""偃月形馄饨"等。

"饺子"的谐音"角子"，在宋朝开始出现。孟元老在其《东京梦华录》追忆北宋汴京的繁盛，其卷二曾提到市场上有"水晶角儿""煎角子"等。也是在这个时期，饺子向北传入蒙古，并跟随元朝忽必烈的蒙古铁骑传入俄罗斯、哈萨克斯坦等国家，并形成了当地的饺子变种，至今犹存。

在明朝万历年间，饺子成为过年的御用食物。《酌中志》[18]明确记载，明朝宫廷"正月初一五更起……饮柏椒酒，吃水点心（即饺子）。或暗包银钱一二于内，得之者以卜一岁之吉，是日亦互相拜祝，名曰贺新年也。"

清朝时期"饺子"称谓和习俗已经跟今天相差无几。过年吃饺子，取"更岁交子"之意，无论贫富贵贱，举国上下，家家户户都要吃上一盘饺子。同样的饺子，富有富的繁杂，穷有穷的讲究，不过共同庆祝喜庆团圆，期待吉祥如意的心情普天之下并无二致。

既然饺子作为重要节日冬至、春节等时年节日里官民饭桌上的标配，老祖宗们对饺子注入各种馅料和包制手法上的创造也就顺理成章了。

传统的做法，饺子是用面皮包馅水煮而成；在制作方法上，高手在民间，馅料之外，饺子的各种造型，再次展示了中国人高超的面艺技巧：鱼形饺、元宝饺、月牙饺、钱包饺、小锁饺……不胜枚举。

18.《酌中志》是明代宦官刘若愚创作的笔记，共二十四卷，每卷均为相对独立的短篇。详细地记述了明万历朝至崇祯初年的宫廷事迹。因作者自己在宫内多年，分门别类记载了其所耳闻目睹的有关皇帝、后妃、内侍日常生活，以及宫中规则、内臣职掌，从及饮食、服饰等，因而可信度极高。

四
喜
饺

四喜饺

四喜饺是一道江苏传统名点。名称讨喜，色相诱人，四种馅料可以根据自己的喜好搭配，但是必须要兼顾色泽颜值，这才是四喜饺最为讨喜的精髓。

材料

馅：肉馅 250 克，盐 2 克，鸡精、绵白糖、生抽各 5 克，胡椒粉少许，葱姜水 30 克。

皮：中筋面粉 250 克。

辅料：胡萝卜、木耳、鸡蛋黄（炒熟）、芥蓝各适量。

制作过程

1/ 肉馅剁细碎，加入胡椒粉、葱姜水，待水吃进肉馅中后加入剩余的馅料，制作成馅心待用。

2/ 中筋面粉中先加入 60 克开水搅拌成雪花状再倒入适量凉水揉成光滑面团待用。

3/ 面团下剂后擀成中间厚四边薄的圆皮，包入适量肉馅，先把皮子对折中间捏起，换一边再对折中间捏起呈四角形，留四个口后再把邻边的皮子捏起来呈四喜饺的造型。

4/ 将辅料切碎后分别放入四个孔中配色。

5/ 大火上笼蒸 8 分钟即可。

月牙饺

五彩饺

自古中国人就将色彩与 "五行""五方"联系起来，所谓东方木、南方火、中央土、西方金、北方水，分别对应的色彩是青、赤、黄、白、黑。

这五色也是中国传统文化中最为基础的色彩，早在周朝就将其定为"正色"。

五彩饺的皮对应的正是五个颜色。青色常取自菠菜叶汁，对应五行为木，方位上对应东方，为春季，人体对应肝胆，五德为仁，代表生长、发展。

赤一般是用紫苋菜汁，五行为火，方位上对应南方，为夏季，人体对应心脏，心血管系统，五德为礼，代表上升、热烈。

黄常用黄姜染色，五行为土，方位上对应中央，为四季交替月，人体对应脾胃，五德为信，代表包容、宽厚。

白保留的是面粉原色，五行为金，方位上对应西方，为秋季，人体上对应肺与大肠，代表高贵、成功。

黑通常是用黑芝麻或者黑米粉，五行为水，方位上对应北方，为冬季，人体对应肾、泌尿系统，五德为智，代表黑夜、睡眠与沉静。

月牙饺

经典款式的月牙饺，包法很简单！饺子生坯折成半圆，先捏紧中间。然后把饺子皮左半部分的上皮捏紧呈波浪形，再将另一边的上皮捏紧呈波浪状。看，弯弯的饺子，像不像月牙？

鱼形饺

一般的蒸饺大部分都是鱼形的，其实做法很简单，不妨在家自己试一试。

将饺子生坯折成半圆，一手托住饺子，另一只手从左到右将饺子两侧依次以小波浪的方式往中间捏紧。最后把尾端压出一个尖就好了，看！像不像一条小鱼？

鸳鸯饺

鸳鸯饺是四川小吃。其特别之处不仅在于名称彩头，还在于它造型美观，色彩鲜艳， 最特别的是一个点心吃出了两种不同的味道。

元宝饺

寓意吉祥如意、财源滚滚的元宝饺，胖乎乎的十分可爱。

把饺子边完全捏合压实后，再把饺子的两个边拉到后头，粘和起来。金元宝一样的饺子就这么包好啦！

钱包饺

试试把饺子包边变成一个鼓鼓的小钱包！将饺子封口折成半圆形。用拇指把饺子顶端往下捏薄，最后捏成一条完整的绞边纹。

冠顶饺

冠顶饺

　　冠顶饺是湖南小吃，虽曰饺子，其实它是一种蒸点，特色在于造型别致，皮薄馅鲜，外表透亮。

　　做冠顶饺特别之处在于要将面剂子擀成薄圆皮，包的时候中间放馅，捏的时候按三等份对折成角，顺着三个角同时向中间捏拢，然后用食指和拇指推出花边，将后面折起的面翻出，顶端留一小孔填入装饰的灌顶食材。

小锁饺

　　因为饺子中间压紧后有个十字的形状，似小锁，所以叫小锁饺。饺子皮从中部压实。两个大拇指各按住饺子的　边，再用力往中间合拢。

柳叶饺

柳叶饺是造型饺子中比较常见的一款，其功劳大抵要归功于遍布全国的沙县小吃柳叶蒸饺。

正宗的柳叶饺必须是绿色菜汁和面，面皮看起来青翠娇嫩，加上外形很漂亮，非常有食欲，很多人因此对它偏爱有加。

做法

包柳叶饺的关键是放好馅料后，用中指把面皮按向馅料方向，用手捏挤，形成 W 形，然后大拇指和食指向前来回捏动，成为柳叶形。

白菜饺

大年夜，大概是咱中国人不论东西南北，全国人民最为"迷信"的一天，各种吉利口彩是必不可少的，白菜饺子就是一些讲究人家年夜饭上的必备花样——蒸上一锅"百财饺子"，新的一年财源滚滚来。

此白菜饺非家常白菜馅饺子。它的做法一则讲究面的色泽拼接，饺身是白色，灌顶是绿色，看起来就是一棵象形的白菜；二则包起来讲究手的灵活度，得做出白菜叶子的纹理；最后，白菜饺到底是花式蒸饺，出锅时的颜值很重要，因此得用旺火蒸熟，而非水煮，如此才配得上它美好的造型和寓意。

柳叶饺

白菜饺

梅花饺

雏鸽饺

梅花饺

　　跟鸳鸯饺等造型饺一样，梅花饺作为极具传统特色的小吃，一般见于奢华宴席上的花色点心，因其造型美观、逼真而倍添雅趣，其灌顶五个花瓣的馅料，还可以根据个人喜好添加不同色泽的食材。

　　生于浙江嘉兴的现代诗人吴藕汀老先生曾作《小寒》诗一首，其描述的就是梅华饺的妖俏情趣："众卉欣荣非及时，漳州冷艳客来贻。小寒惟有梅花饺，未见梢头春一枝。"

雏鸽饺

　　作为少见的动物造型饺，饱满安详的雏鸽饺纯靠指尖的手工活。其做法是像常规包饺子一样，将馅料放进饺皮，捏成月牙饺，用拇指和食指捏出花边，然后两头向后捏，做成一对翅膀，再从中间捏一下，做成鸽子头部，嵌入芝麻点亮眼睛。

糕点中的嫁娶新生

嫁娶新生是人生大事，素来重视人生仪式的中国人在糕点上也创造出了灿烂精美的民俗传统。北方的花馍、南方的喜饼就是民间传统里专为这些隆重恭贺的日子而用面粉创造的仪式糕点。

北方的花馍，在不同的地方可能叫法不同，但是用小麦面粉发酵，捏制成各种人物、动物、花卉造型，用红枣、黑豆等各种颜色辅材加以点缀，放入锅内蒸熟，再施以彩绘，最后做成精美绝伦的艺术品般的糕点，是全国各地都存在的习俗。

在民间，花馍主要是用作生日寿辰、婚姻嫁娶、祈祷祭奠等特定场合的馈赠，并且各有名目、礼仪、讲究和寓意，相延成俗，不可乱来。

从造型上看，最常见的是娃娃、寿星，也有各式动物和植物，例如凤凰、牡丹花馍，象征荣华富贵；金鱼、荷花花馍，象征连年有余；牛、羊花馍，象征五畜兴旺；老虎花馍，象征虎虎生气。

在使用时，根据场合各有讲究：祭灶要用枣馍，寓意为及时、赶早；拜神则用龙馍，祈祷风调雨顺；祝贺寿礼，要送寿桃，祝愿长辈长寿百岁。

在日常生活中，拜年送孩子花馍，象征吉祥如意；同辈来往送花馍，作为伴手礼；结婚时母亲送给女儿花馍，以示花开富贵，婚姻美满。

此外，旧时四时八节，很多地方家家户户也会根据节令蒸做不同的花馍，例如过年敬神蒸的供馍是佛手、石榴、莲花、桃子、菊花、马蹄等各种形状的花馍供物，中间插以红枣以示装饰；元宵节制作灯、五畜、五果等花馍；端午节要蒸簸箕花馍，表示早备夏收；七月初七乞巧节，要蒸的大花馍，形大如盘，内置针线，意在巧施针线，传说这一天妇女吃了"针线""顶针"之类的花馍，就心灵手巧……

不同于北方形形色色的花馍，需要大费周章现赶现制，南方人则将嫁娶习俗中的糕点简而化之为伴手喜饼。

在广州，四色绫酥就是女儿结婚时娘家必不可少的嫁女饼；而在台湾的嫁娶礼俗中则用汉饼，作为向亲友昭告喜事的信物。

这些喜饼，主要原料通常是面粉，包裹甜心馅料，再用模具制成形，印上喜字或龙凤图案，压成模后，再涂上蛋液，烤出金黄诱人的饼，既充满了喜庆氛围又有了诱人的色香味。

APPENDIX
/ 附录

船点——糕点中的阳春白雪

船点在我们今天的生活中已很少见，以致很多人都不知道它存在过。作为糕点中的阳春白雪，船点也被叫作苏式船点。相传它起源于明朝，由熟米粉裹馅心后，捏成各种动植物形象，在江南雕龙画栋的豪华游船上作为点心供应给南北往来的商贾雅客，因而得名。

玉兔形态饱满色泽醇厚、荸荠纹理细致栩栩如生、枇杷菱角水灵通透，就连装饰用的花朵都娇艳欲滴……将带馅的糕团制作成惟妙惟肖的动植物造型，从塑造汉字到塑造糕团，象形一直是中国人的独门心传，简单的面团在技艺超群的面点师傅手里可以变幻成任何形状，确实代表了中国美食文化的博大精深。

船点作为一种艺术糕点，诞生在上有天堂下有苏杭、商业发达的烟花繁盛之地，也体现了中国人自古食不厌精、脍不厌细的饮食文化。

据说，旧时苏州本帮商人在游船上设宴时，很讲究冷盘佐酒、热菜撑场，而糕点则是锦上添花。

白案师傅们——专门负责糕点制作的厨师的统称——深谙这些商贾巨富们席间款待的吃客心理，知道在游船这样的封闭式商务场合，热络撑场之后转入的话题才是关键，这时候作为点缀的糕点，绝不仅仅是可有可无的甜头，而是用看似不经意的花絮来轻轻引入正题，由此师傅们不断精心研究，将花卉瓜果、鱼虫鸟兽等各种形象引入手底，终于形成了船点这一特别小巧玲珑、又极其栩栩如生的糕点类别。

做法

船点制作基础是面皮和上色，核心是雕刻技艺。

将米粉（或者澄粉）和糯米粉按照 1:1 比例过筛，混合均匀。将三分之一的米粉用滚热的开水和成团，蒸熟做成熟芡团，将剩下的三分之二米粉，用清水揉成团，与熟芡团揉成团，然后着上各种颜色（颜色提取自各种不同颜色的食材），做成一个个面剂子。

将包入豆沙或芝麻等馅心的面团雕刻制作成各种惟妙惟肖极度象形的动植物或场景，即是船点。

从造型上看，船点分为动物和植物两大品类。一般而言，动物馅心多为咸馅，使用火腿、鸡肉、葱油等入料；植物馅心则为甜心，以玫瑰、豆沙、枣泥、糖油等为主。从功能上看，船点保留了糕点的甜润，又造型精美绝伦，既可品尝，又可观赏，彰显了宴请客者的品位与用心。船点不再是单纯的食物，而是更高层次的、对生活情趣的审美。

今天，船点在苏州本帮餐馆还依稀可见一二简略品类。而大多数船点造型，因其工艺精湛，品种浩繁，需要缜密的心思和精美的手工，耗费长时间才能完成。慢慢也就成了一种尘封的存在。因此今天再提到船点，很多人，都已经不再熟悉，只知道它是如同古典苏州园林一般的雅致生活与精湛工艺，实际上已经很少在日常食用了。

马蹄莲——圣法虔诚，永结同心　　　　　　　　水仙花——临水照花，清新脱俗

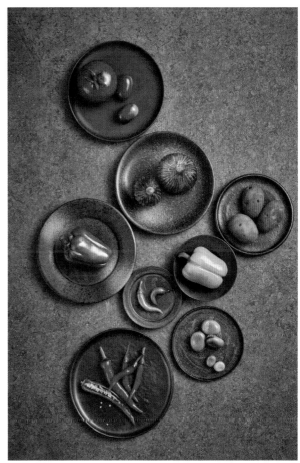

月季花——良辰美景，姹紫嫣红　　　　　　　　果蔬——种豆得豆，种瓜得瓜

寿桃——探他明月珠，昔称天桃子　　　　　南瓜——瓜熟蒂落

柿子——柿柿如意

葫芦——福禄寿喜财

佛手——佛手禅心

金鱼戏水——金玉满"塘"

天鹅——曲项天歌　　　　　　　　　　　孔雀——傲骨天成

龙

    作为龙的传人，华夏版图上的各地民间自然少不了龙的存在。从皇家到百姓，
龙存在于我们生活的方方面面。传统糕点当然也少不了龙形食品的存在。其中
登峰造极霸气十足又栩栩如生的当然还数传统面食大省——山西：以九龙壁为
造型灵感的龙面塑造型。

　　这一次我们的食品造型师李浩涵老师带着两位徒弟仅仅是做出图片上的这三条龙造型，就用了整整 1 天时间，从色泽搭配到工艺雕刻，他们对每个细节一丝不苟。大家禁不住感叹，过去的古人们，在创造和呈现咱们的民族图腾时，是多么匠心注入，方能呈现这一磅礴的龙气势！

后记

食礼与食育

夫礼之初，始诸饮食。华夏民族礼仪之邦，自古讲究礼节仪式，而礼最初的原始起源是古人的饮食活动。

上古人类，很早就意识到生命的存在依赖于饮食吃喝，认为神亦如此，因此他们将自己的食物毫无保留地奉献出来，并通过特定的仪式，向神灵表达虔诚的崇拜，也索求来自上天的垂爱与庇佑……在时间的长河中，这些仪式经过年复一年成千上万次的重复，逐渐成了我们这个民族的集体行为，并在人们有意识的加工下，形成了越来越繁杂的礼仪标准，有了约定俗成的社会意义。

在这个过程中，经济发展、物质条件的累计是基础。

"仓廪实而知礼节，衣食足而知荣辱"，说的就是经济基础决定了上层建筑。所以今天回看历史民俗，会觉得知礼节或礼节较多的地方，都是古代经济较为发达，衣食生活比较充足的地方。

中国人对饮食规则和礼仪的讲究，古而有之。

中国第一圣人孔子，即便在游走列国狼狈之际，也不忘强调吃穿住行的礼仪，对待饮食的原则是"食不厌精，脍不厌细"，后来中华民族的饮食文化能够源远流长发扬光大，并一举成为世界上吃得最精细的国家之一，大概与此不无关系。

中国古代的饮食文化，还体现在严密辩证的人与自然上。

《孟子·告子上》中说"食色，性也"，强调的是饮食需求的天然属性；而《黄帝内经》则强调"上古之人……食饮有节，起居有常，不妄作劳，故能形与神俱，而尽终其天年"……可见在我们华夏民族的饮食传统与儒道及中医哲学早已骨肉相连。

二十四节气，是老祖宗对四季交替的自然时节智慧体现，也隐含了中国人的饮食观念。至今每个节气独特的自然特质与饮食养生规律，还在影响着你我。

中国人还认为饮食观念与治世之道也从来是相通的。

《道德经》举重若轻，"治大国，若烹小鲜"；司马迁在《史记·郦生陆贾列传》说"王者以民人为天，而民人以食为天"，让历朝历代每一个关心国家与民族的有德之君，都要为天下苍生温饱而殚精竭虑；相反，一句"百姓无粟米充饥，何不食肉糜？"让西晋惠帝司马衷成了千古笑话。

中国是很早将饮食文化提升到文化和哲学高度的国家，也深度影响了一衣带水的周边国家。从我们很多传统节日如端午、春节等对周边国家的文化影响可见一斑。不过当看到 2005 年，日本颁布了世界第一部关于食育教育的法律《日本食育基本法》，要求每个学龄的日本孩子都应该接受食育教育，每个日本学校都要开设食育课程，并明确指出食育是德智体美劳五育的基础……这有一点点刺激了我作为一个中国人的敏感神经。

为什么源远流长的华夏民族，我们的饮食教育还停留在家庭日常的言传身教上？偶然市面上有餐饮礼仪课，基本都是出于商业宴请的功利性需求……而邻国已将"食育"纳入了现代化的日常教育体系中，从娃娃抓起。

无意在这本关于糕点的书中强谈"复兴传统饮食文化"。在此谨抛砖引玉，期待经由本书小小努力，未来我们的饮食美育，枝繁叶茂。

潘华

2020 年 10 月 6 日于上海

图书在版编目（CIP）数据

中华传统糕点图鉴 / 邱子峰主编；李浩涵，潘华，
张之琪副主编. — 北京：中国轻工业出版社，2022.3
　ISBN 978-7-5184-3812-9

　Ⅰ.①中… Ⅱ.①邱… ②李… ③潘… ④张… Ⅲ.
①糕点—中国—图集 Ⅳ.①TS213.23-64

　中国版本图书馆CIP数据核字(2021)第275499号

责任编辑：翟　燕
策划编辑：翟　燕　　　责任终审：劳国强　　整体设计：邱子峰
排版制作：三形三色　　责任校对：晋　洁　　责任监印：张京华

出版发行：中国轻工业出版社（北京东长安街 6 号，邮编：100740）
印　　刷：鸿博昊天科技有限公司
经　　销：各地新华书店
版　　次：2022年 3 月第 1 版第 1 次印刷
开　　本：889×1194　1/16　印张：14
字　　数：200千字
书　　号：ISBN 978-7-5184-3812-9　定价：168.00 元
邮购电话：010-65241695
发行电话：010-85119835　传真：85113293
网　　址：http://www.chlip.com.cn
Email：club@chlip.com.cn
如发现图书残缺请与我社邮购联系调换
200638S1X101ZBW